计算机基础教育系列“十三五”规划教材

计算机数学基础

主　编　谭　阳　常　鑫　陈　琳
副主编　陈　娇　吴细花　方　颂
参　编　刘　艳　周　虹　刘　章

西安电子科技大学出版社

内 容 简 介

本书为了适应日益发展的应用型人才培养教育的需要，根据《国家中长期教育改革和发展规划纲要》，以注重基础、降低理论、加强应用、强化能力为指导思想而编写。本书的主要内容包括：基础逻辑学、基础组合数学、基础图论和基础运筹学。内容紧扣电子信息类专业的实际需求，并且每章都配有习题，使学生能够简便、快捷地使用数学工具来解决实际问题。

本书可作为应用型本科、职业院校电子信息大类各专业的高等数学教材，也可作为成人大专以及电子信息类工程技术人员的参考教材。

图书在版编目（CIP）数据

计算机数学基础 / 谭阳，常鑫，陈琳主编. -- 西安：西安电子科技大学出版社，2016.8

ISBN 978-7-5606-4227-7

Ⅰ. ①计… Ⅱ. ①谭… ②常… ③陈… Ⅲ. ①电子计算机—数学基础 Ⅳ. ①TP301.6

中国版本图书馆 CIP 数据核字（2016）第 189102 号

策　　划　罗建锋　章银武

责任编辑　李慧娜

出版发行　西安电子科技大学出版社（西安市太白南路 2 号）

电　　话　（010）56091798　（029）88201467　　邮　　编　710071

网　　址　www.xduph.com　　电子邮箱　xdupfxb001@163.com

经　　销　新华书店

印刷单位　三河市悦鑫印务有限公司

版　　次　2016 年 8 月第 1 版　2023 年 8 月第 2 次印刷

开　　本　787 毫米×1092 毫米　1/16　印　张　11.5

字　　数　336 千字

印　　数　3001～5000 册

定　　价　35.00 元

ISBN 978-7-5606-4227-7

XDUP4519001-1

如有印装问题请联系 010-56091798

前 言

本书根据《国家中长期教育改革和发展规划纲要》，按照“以应用为目的，必需够用为度”的原则，在认真总结计算机数学教学改革经验的基础上，组织长期从事教学研究的一线教师进行编写，作为应用型本科院校、职业院校电子信息类各专业的通用高等应用数学教材。

本书在内容的编排上，突出与电子信息技术相关度较高的内容，紧密结合电子信息类专业的后续课程所必需的基本知识和基本概念。根据学生的基础知识状况和学习特点，力求科学性与实用性的和谐统一，尽可能体现对学生智力的开发和培养，使学生能够真正掌握所学知识。

本书在编写思路上，着重以掌握数学基础知识为基本点，强调数学知识在计算机方面的实际应用，删除和精简了烦琐的推理和证明，以实例或形象的几何解释作为替代。直观地讲解基本概念、基本定理、运算技巧，通过例题讲明解题的思路与方法，降低了抽象性。本书的特点主要体现在三个方面：

第一，内容上以应用型本科、职业院校学生的特点为基准，内容难易适度，体现了信息类数学教学的适用性和实用性。本着“实用、够用”的原则，注重基本概念的理解和基本计算能力的培养。在教学设计上，表述语言通俗易懂，可读性强。使学生在学习后不但可以学懂，而且在实际工作中能够用上，体现了应用数学作为基础课程服务专业的特色。

第二，该教材从课程的导入，到思维概念的讲解，最后到具体实例的应用都体现了应用数学这条主线。密切结合电子信息类专业的需求，注重数学思维和数学方法在技术型专业领域中的应用，能够很好地启发学生的学习兴趣，发挥学生学习的积极性和主动性。

第三，该教材适用面广泛，不仅可以作为应用型本科、职业院校电子信息类专业学生的数学教材，也可以满足其他各类院校不同专业类别的教学要求。同时任课教师可以根据学生的实际水平灵活安排课程，对教材内容进行取舍。

本书由湖南网络工程职业学院的谭阳、乌兰察布集宁师范学院的常鑫和湖南网络工程职业学院的陈琳担任主编，由湖南信息学院的陈娇、长沙职业技术学院的吴细花、湖南网络工程职业学院的方颂担任副主编，湖南网络工程职业学院的刘艳、周虹、刘章参与了本书的编写工作。本书的相关资料和售后服务可扫本书封底的微信二维码或登录 www.bjzzwh.com 下载获得。

由于时间仓促和编者水平有限，书中不当之处在所难免，恳请使用本书的广大教师和读者批评指正，以进一步修改完善，我们将不胜感激。

编者

目　录

第1章　基础逻辑学

逻辑学是研究用于区分正确推理与不正确推理的方法和原理的科学.这门科学的主要目的就是使人能够清晰高效地思考,因此逻辑学既是一门科学,也是一门艺术.其中,数理逻辑是采用数学的方法来研究形式逻辑,莱布尼兹是采用数学方法研究形式逻辑的创始人.本章的学习目的是介绍逻辑学的基本原理和技巧.

1.1　逻辑学的基本概念

逻辑学是研究用于区分正确推理与不正确推理的方法和原理的学问.正确的推理的界定有着许多客观的标准,若不清楚这些标准,就无法运用它们.因此逻辑学的研究宗旨是:发现并塑述这些标准,使之能够检验论证,并将好的论证和坏的论证区别开来.

逻辑推理遍及所有领域,例如:自然科学、伦理、法律、商务、政治等,这是因为它能够适用于人类理性的因果推理.也就是说,逻辑学的基本原理和人类理性的基本原理是一致的.

1.2　基本原理

逻辑学的基本原理有四个,分别为:同一律、排中律、充足理由律和矛盾律.

下面就这四个基本原理逐一说明.

定理 1.1　同一律　事物只能是其本身.

所有个体都是独一无二的,一个事物只能是其本身,而不能是其他的事物.

定理 1.2　排中律　对于任何事物在一定条件下的判断都要有明确的"真"或"假",不存在中间状态.

排中律的基本思想就是,任一事物,它要么存在,要么不存在,没有模棱两可的中间状态.通常提到的"变化中"不是从无到有的通道,而是目前已经存在的事物的内部变化.

定理 1.3　充足理由律　任何事物都有其存在的充足理由.

充足理由律也被称为因果律,它表明任何事物的存在都有其根据,但事物不能自我解释,这就表明没有任何事物可以用自身来解释其存在的原因.

定理 1.4　矛盾律　在同一时刻,任一事物不可能在同一方面既这样又不这样.

通过"同一律"可以知道,如果"事物 A"是"事物 A",那么在同一时刻它就不能不是"事物 A".例如:

例 1-1

(1) 小明已经年满 20 岁了.

(2) 小明的年龄还不到 20 岁.

显然这两个命题不能同时成立.如果一个成立"为真",另一个必然不成立"为假".

其中对于基本原理还有两个特点需要说明.首先,**基本原理是天然成立的.**也就是说基本原理是不证自明的.第二,**基本原理是不能够被证明的.**这也是因为基本原理是不证自明的,它不是通过某些前提条件而得出来的结论,它的存在不依赖于先行事物.**基本原理反映的是绝对基础的事实.**

1.3　命题与语句

任何论证都是由命题所构成的.

命题是一种可以被肯定或否定的东西.这里需要说明的是,命题不同于问题.命令或者感叹.问题可以被提出,命令可以被下达,感叹可以被发出,但有一点,它们三者都不能够被肯定或否定.而通过命题则可以来断定事情"是"或者"不是"这般,因此由命题可以获得"真"或"假"的结论.

命题为真:如果所做的一个判断与客观一致,则称该命题的值(或真值)为"真",或记为"值为1(真值为1)"或"值为T(真值为T)".

命题为假:如果所做的一个判断与客观不一致,则称该命题的值为"假",或记为"值为0"或"值为F".

任意命题**必然是**或真或假的,虽然在一些比较特殊的情况下,不可能很快获知某一特定命题究竟是真的还是假的.例如"地球是太阳系中唯一存在生命的天体"这样的命题.显然,就我们目前的知识和技术而言还无法确切断定这一命题是"真"或是"假",但是结论只会有一个.

因此,或"真"或"假"是命题的一个基本特征.

1.4 论证方法

命题是构成论证的条件.**推论**则是指以一个或多个命题作为出发点,从而推导出另一命题的过程.通过检验这个过程的出发点与结果之间的关系,从而可以判断一个推论的正确与否.这一整个过程就是**论证**.所以对于任意一个可能的推论,都必须有相应的论证.也就是说,通过若干命题推导出某一命题,前者给后者之为真提供支持或根据.

定义 1.1 一个论证的结论,就是以论证中的其他命题为根据而得出的那个命题.

定义 1.2 一个论证的前提,就是在论证中那些被肯定(或假定)为接受结论的根据或理由的命题.

最简单的论证是由一个前提和一个从该前提推导出或被它所蕴涵的结论构成的论证.通常这种论证的前提与结论可以分别用两个不同的语句表达,例如:

例 1-2

在地球上开始出现生命的时候没有人类的存在.因此,所有关于生命起源的陈述都是理论推测.

论证的前提和结论也可以在同一语句中表达，例如：

例 1-3

通过DNA的比对研究已经证明了所有人都是从一小群非洲祖先演变而来，所以各人种之间的差异其实很小.

在一些特定的表达中，结论也有可能先于前提出现在语句之中，例如：

例 1-4

政府应立即禁止在公众场合的吸烟行为. 众所周知，吸烟是导致产生肺癌的主要因素之一.

大多数的论证都要比上述论证复杂得多. 某些复杂的论证会包含由多个分支命题所构成的复合命题. 但是不论复杂与否，任何论证都是由一组命题所构成的，其中有一个为结论的命题，其他的命题则是用以支持结论的前提.

正因为一个论证至少需要两个及以上的命题来构成，所以单一命题不可能是论证. 但是某些复合命题与论证非常近似，需要认真辨识，以免混同于论证. 例如：

例 1-5

如果火星在其具有与地球相似的大气层和相似气候的早期曾有生命演化，那么目前科学家确信在我们的银河系中存在的无数颗其他星球上也会有生命演化.

这是一个假言命题，在这个命题中包含两个分支命题，第一个分支命题"火星在其具有与地球相似的大气层和相似气候的早期曾有生命演化"，第二个分支命题"目前科学家确信在我们的银河系中存在的无数颗其他星球上也会有生命演化". 可以看出无论是哪个分支命题都没有被肯定，整个命题所肯定的只有第一分支命题蕴涵第二分支命题，且两者可以同时为"真"或"假". 所以推论过程没有构成，也没有结论被论证为"真". 因此，这是一个典型的假言命题，而不是一个论证.

接下来再看一个例子：

例 1-6

看来，目前科学家确信在我们银河系中存在的无数颗其他星球上会有生命演化，因为火星在其具有与地球相似的大气层和相似气候的早期非常可能曾有生命演化.

这个看起来像假言命题的例子确实是一个论证. 命题"火星非常可能曾有生命演化"被肯定为一个前提,而命题"无数颗其他星球上会有生命演化"被从该前提推出并且被论证为真.

1.5 论证的分析

论证有简单的也有相当复杂的. 论证的前提可以用各种不同的方式来支持其结论. 论证中前提的数量和命题的顺序也可以发生变化,所以需要学习一些关于论证话语的分析方法,并以此明晰前提与结论之间的关联.

通常会采用两种分析方法来对论证进行分析. 第一种是解析:即用清楚的语言和逻辑顺序表明论证中的命题. 第二种是图示:即在二维平面空间中以关系图的方式说明论证的结构. 这两种方式都是最常用的论证分析方法.

1.5.1 解析法

通过下面这个多前提的论证例子来进行分析:

例 1-7

现代鸟类并非是从直立行走的兽脚类恐龙(例如:霸王龙和棘龙)进化而来,有三个主要理由. 首先,大多数类鸟兽脚类恐龙化石发源时间比初始祖鸟类遗留的化石还要晚上七千五百万年. …… 其次,鸟的祖先的生理结构必定已适宜飞行,而兽脚类恐龙的生理结构并不适宜飞行 ……. 第三,就目前发现的兽脚类恐龙化石而言,兽脚类恐龙都有锯状牙齿,而鸟类则没有锯状牙齿 …….

采用解析方法来对该论证进行分析,即利用清楚简明的语言来列出每个前提和结论:

例 1-8

前提

(1) 类鸟兽脚类恐龙化石比初始祖鸟类遗留化石的发源时间还要晚.

(2) 鸟的祖先的生理结构必定已适宜飞行,但兽脚类恐龙的生理结构不适宜飞行.

(3) 兽脚类恐龙都有锯状牙齿,而鸟类没有锯状牙齿.

结论

现代鸟类不是从直立行走的兽脚类恐龙进化而来的.

通过对论证的分析能够更好地帮助我们理解论证.因为解析过程必须要把在论证中被假定但没有充分明晰的东西揭示出来.再来看以下的例子:

例 1-9

阿基米德将被永远铭记,而埃斯库罗斯则会被遗忘.因为一种语言会消亡而数学理念则不会消亡.

注:埃斯库罗斯为古希腊悲剧诗人,代表作有《被缚的普罗米修斯》、《复仇女神》等.

对这个论证的进行分析,需要拓展且清楚地表明其所确定的事物.

例 1-10

前提

(1) 一种语言会消亡.

(2) 埃斯库罗斯的所有剧作使用的是同一种语言.

(3) 所以,埃斯库罗斯的成果终究会消亡.

(4) 数学理念不会消亡.

(5) 阿基米德的工作使用的是数学理念.

(6) 所以,阿基米德的成果不会消亡.

结论

阿基米德被永远铭记而埃斯库罗斯会被遗忘.

通过这种分析使我们看到,在“阿基米德、埃斯库罗斯”的这一表述中,还包含了几个带有可疑前提的论证.

1.5.2　图示法

有时候采用画图的方式可以很清晰地展示一个论证的结构. 其方法为将论证中出现的每一个命题用圆圈数字(①,②,③,…)逐一进行标注,然后使用箭头符号展示其中的"前提"与"结论"之间的逻辑关系. 通过图示法可以避免解析法中重复描述前提的弊端. 例如:

例 1-11

① 与许多人的认识相反,HIV 检测呈现为阳性并不一定是死亡的判决. ② 一方面,从艾滋病病毒的抗体被检测出到出现临床症状平均需要十年的时间;③ 另一方面,许多研究报告显示,有相当数量的 HIV 检测呈阳性者并未发展成为艾滋病患者.

不用对该论证中的命题进行复述,直接使用标识的圆圈数字和箭头就可以将论证的图示进行标示,如图 1-1 所示.

例 1-12

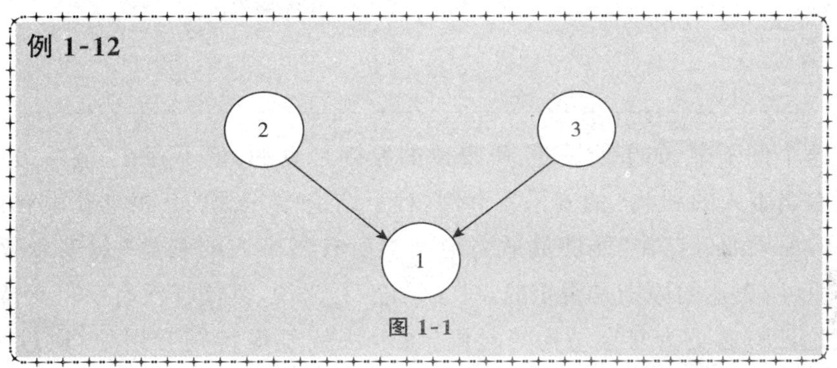

图 1-1

一个论证是简单且直接的话,通常并不需要采用图示法去进行分析. 但是,当论证不太直接的时候,采用图示法就通过平面图的方式直观的展示论证的结构. 通常,在图示法中会将结论置于前提的下方,而论证中的所有前提都在图中的同一行上列出. 相较解析法,图示法可以非常直观地展示论证前提支持结论的方式. 在前面的这个论证中,前提 ② 和 ③ 都分别独立地支持结论 ①"HIV 检测呈现为阳性并不一定是死亡的判决."这就表明,每个前提自身都可以独立地为结论提供支持理由,即使没有其中的一个前提也不会影响另一个前提为结论所提供的支持. 这种独立性很直观地展示在其图示之中.

但是,在另外一些论证中需要将前提结合在一起才能达到支持结论的目的. 我们来看下面的例子:

例 1-13

① 如果一种行为能够在不侵犯任何人权益的前提下，又能最适当地维护所有当事人的利益，那么这个行为在道德层面是可以被接受的. ② 在一些情况下，安乐死能够最适当地维护所有当事人的利益又没有侵犯其他任何人的权益. ③ 所以，在这些情况下的安乐死是可以在道德层面上被接受的.

该论证的两个前提并不是完全独立的，只有两者相结合才能够支持结论，所以与前面的例子不同，需要将有相互关联的前提用下划托架线进行**联合**，如图 1-2 所示.

例 1-14

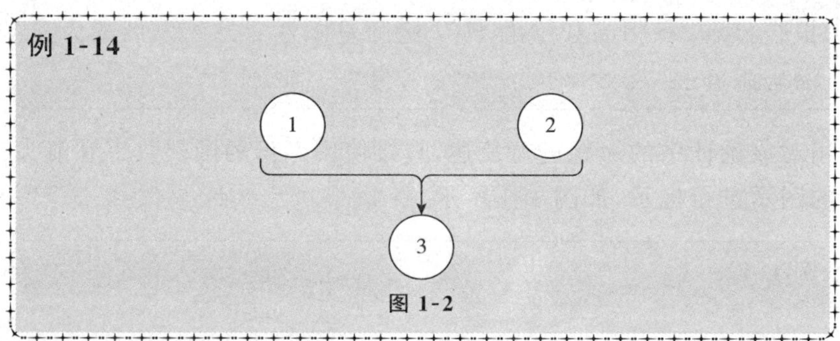

图 1-2

在这个例子中，如果前提 ① 所表达的原则是真的，但不存在"能够最适当地维护所有当事人的利益"的安乐死事例，对于结论 ③ 来说，其根本就没有得到支持. 同样，如果的确存在"能够最适当地维护所有当事人的利益"的安乐死情形，但前提 ① 所表达的原则是否定的，对于结论 ③ 来说，其同样没有获得支持.

当论证有着更为复杂结构的时候，图示法就显得特别有用处. 通过平面图的方式可以非常清晰的展示那些很难说清楚的东西，例如：

例 1-15

① 沙漠高地是进行天文观测场的良好所. ② 其高度可以使得星光只需穿越部分大气层就可以到达望远镜. ③ 沙漠的天气干燥，从而云、雾的产生相对较少. ④ 云、雾的干扰会使得无法进行有效的天文观测.

显然命题 ① 是这个论证的结论，其他三个命题提供对它的支持，但它们对结论 ① 所支持的方式并不太一样. 命题 ② 自身就可以独立支持"沙漠高地是进行天文观测的良好场所"的结论；而命题 ③ 和 ④ 必须联合起来才能支持这个结论.图 1-3 就可以清楚地展示这一点。

例 1-16

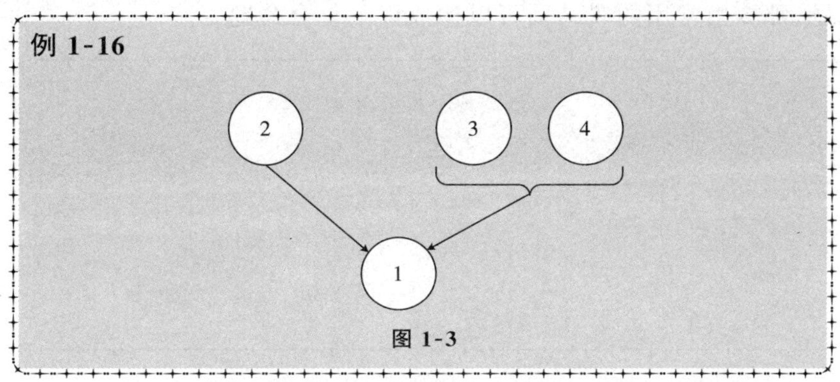

图 1-3

1.6 联结词

联结词是用于确定复合命题的逻辑形式,通常也会称使用联结词构成的命题为复合命题.最为常用的联结词是“**非**(并非)”、“**与**(并且)”、“**或**(或者)”、“**蕴含**(如果,则)”、“**等价于**(当且仅当或其必要充分条件是)”.其中只有“非”联结一个命题,其他的联结词都联结两个命题.

下面是一些复合命题的例子:

例 1-17

(1) 2 不是奇数.

(2) 2 是偶数和质数.

(3) 如果四边形的一对对边平行且又相等,则它是平行四边形.

复合命题的成分可以是复合命题,也可以不是.例如(例 1.17) 中(1) 的成分是“2 是奇数”,它不是一个复合命题;而(3) 的成分“四边形的一对对边平行且又相等”就是一个复合命题.

复合命题的**初始成分**不是复合命题.不是复合命题的命题称为**简单命题**.简单命题不使用联结词构成.复合命题的值() 同样只能是“真”或“假”;通常用“1”来表示真,用“0”来表示假.

复合命题的值由构成它成分的值以及所用的联结词来确定.假设 A 和 B 是任意命题,那么由常用的联结词可以构成以下复合命题。

例 1-18

(1) 非 A

(2) A 与 B

(3) A 或 B

(4) A 蕴含 B

(5) A 等价于 B

接下来我们来确定这些复合命题的值.

1.6.1 非

显然,当 A 的值为"真(1)",当且仅当"非 A"的值为"假(0)".通过表 1-1 可以说明复合命题"非 A"的值.

表 1-1

A	非 A
1	0
0	1

这里的命题 A 具体表达了什么内容与复合命题的值是没有任何关系的.

1.6.2 与

复合命题"A 与 B"为真,当且仅当 A 和 B 的值都为真.因此获得了表 1-2 来说明"A 与 B"的值.

表 1-2

A	B	A 与 B
0	0	0
0	1	0
1	0	0
1	1	1

该表的每一行分别代表 A 和 B 值的一种可能的组合,以及在"A 与 B"后所得出的相应的值.

1.6.3 或

对于“A 或 B”,通常“或”的含义是指当 A 和 B 中间的任意一个值为真时,“A 或 B”的值为真.只有当 A 和 B 的值都为假时,“A 或 B”的值为假.需要特别指出的情形是,当 A 和 B 的值都为真时.这时“或”可以表达相容的涵义,“A 或 B”表达为:A 为真或 B 为真或两者都真;“或”也有可能表达不相容的涵义,这时“A 或 B”表达为:A 为真或 B 为真但不是两者都为真.例如“他在阅览室一般会借阅计算机或机械方面的杂志.”其中的“或”是相容的;但“他明天出差去北京或上海”中的“或”是不相容的.又如 $ab=0$ 可以得出 $a=0$ 或 $b=0$,这其中的“或”是相容的;但是 $(a-1)(a-2)=0$ 得到 $a=1$ 或 $a=2$,这其中的“或”就是不相容的.

在本书中,采用相容的“或”的涵义,并以表 1-3 来说明“A 或 B”的值.

表 1-3

A	B	A 或 B
0	0	0
0	1	1
1	0	1
1	1	1

1.6.4 蕴含

关于“A 蕴含 B”的值表达相对复杂一些.通常在日常用语中“蕴含”和“如果,则”是指它们所联结的两个命题之间的某种联系.在语言中使用它可以表达很多种涵义,因此本书不在此展开讨论.在这里只关心这个词的一种用法,即“A 蕴含 B”的涵义是“A 为真蕴含着 B 为真”.简单的说法就是“如果 A 是真,则 B 为真”或者“并非 A 真 B 假”.由此获得的“A 蕴含 B”的值如表 1-4 所示.

表 1-4

A	B	A 蕴含 B
0	0	1
0	1	1
1	0	0
1	1	1

由表1-4中可以看到只有当"A真B假"时，"A蕴含B"才为假.这其中需要特别注意的是当A为假时，不论B有怎样的值，其"A蕴含B"的值都是真.

这个结论可能会有点难以接受，特别是当A为假时的两种情况.这里可以把"A蕴含B"理解为"A的真蕴含B的真"，当B值为真时复合命题"A蕴含B"不需要A值作为推导的依据.下面的例子有助于我们来理解这个问题.

例 1-19

命题"A"：雪是白色的.

命题"B"：太阳从东边出来.

命题"非A"：雪是黑色的.

命题"非B"：太阳从西边出来.

复合命题(A蕴含B)为真的情形：

(1) 如果雪是白色的，那么太阳从东边出来.

(2) 如果雪是黑色的，那么太阳从西边出来.

(3) 如果雪是黑色的，那么太阳从东边出来.

复合命题(A蕴含B)为假的情形：

(4) 如果雪是白色的，那么太阳从西边出来.

这个例子中(1)、(2)、(4)都很容易理解.重点来说明一下(3)，在这语句中其实"太阳从东边出来"是需要表达的核心意思，可以看出"太阳从东边出来"这个事件与"雪的颜色"没有任何关系.换句话说：不论雪是什么颜色，太阳都会从东边出来.

再看下面的例子.

例 1-20

如果$x>3$，则$x^2>9$

可以对x进行不同的取值，以获得"$x>3$"和"$x^2>9$"的真假值的所有可能的组合.当$x=4$时，"$x>3$"和"$x^2>9$"都为真；当$x=-4$时，"$x>3$"为假，"$x^2>9$"为真；当$x=-2$时，"$x>3$"和"$x^2>9$"都为假.这三种组合使得整个命题(例1－20)是成立(真)的.相反，无论怎样对x取值都不可能得到"$x>3$"为真而"$x^2>9$"为假的情形，所以这种不存在的情形对于整个命题来说是不成立(假)的.

1.6.5 等价于

通常可以将“A 等价于 B”理解为“A 蕴含 B，并且 B 蕴含 A”，它们之间具有相同的涵义. 所以“A 等价于 B”的值如表 1-5 所示.

表 1-5

A	B	A 等价于 B
0	0	1
0	1	0
1	0	0
1	1	1

1.7 命题语言

命题语言是命题逻辑所使用的形式语言.

形式语言是符号的集合，这种符号包含三种类型：

第一类包括一个无限序列的命题符号. 通常用大写的英文字母表示，如 P，Q，R，…，P_i，Q_i，R_i，….

第二类包括五个联结符号：“¬”，“∧”，“∨”，“→”，“↔”. 它们的标准读法和名称如表 1-6 所示.

表 1-6

联结符号	读　法	名　称
¬	非	否定
∧	与	合取
∨	或	析取(相容的)
→	蕴含	蕴含
↔	等价于	等价

第三类包括两个标点符号：“(”，“)”分别为左括号和右括号.

表达式是有限的符号串. 如 P，PQ，(R)，$P\wedge\rightarrow Q$，$(P\vee Q)$ 都称为表达式.

表达式的长度是其中符号出现的数量.上面给出的五个表达式的长度分别为1,2,3,4,5.还有一种非常特殊的长度为0的表达式,称为空表达式,它是不能被具体写出来的.与空集类似,所以通常采用空集的记号"$\varnothing$"来表达.

下面就五个联结符号在表达式中的具体使用方式进行说明.

1.7.1 否定"¬"

设 P 表示一个命题,用命题联结词"¬"和命题 P 连接成"$\neg P$".这里称 $\neg P$ 为 P 的否定式.表示"…… 不成立","不 ……",用于对命题 P 的否定.

表 1-7 可以说明 $\neg P$ 的取值.

表 1-7

P	$\neg P$	$\neg(\neg P)$
1	0	1
0	1	0

表 1-7 中除了 P 和 $\neg P$ 的对应取值外,还给出了对 $\neg P$ 再次取非的值.

例 1-21

(1) 命题:"4 是偶数".求该命题的否定表达式.

(2) 命题:"猩猩是人".求该命题的否定表达式.

(3) 语句:"我不是不去".以命题"我去"求该语句的表达式.

解

(1) 设命题 P:"4 是偶数",则 $\neg P$:"4 不是偶数".

(2) 设命题 P:"猩猩是人",则 $\neg P$:"猩猩不是人".

(3) 设命题 P:"我去",则"我不去"的表达式为:$\neg P$,那么"我不是不去"的表达式为:$\neg(\neg P)$.

1.7.2 合取"∧"

设 P 和 Q 为两个命题,用命题联结词"∧"将 P 和 Q 连接成 $P \wedge Q$.这里称 $P \wedge Q$ 为 P 和 Q 的合取式.表示"…… 并且 ……","不但 …… 而且 ……","既 …… 又 ……","尽管 … 还 …".$P \wedge Q$ 的值为真,当且仅当 P 和 Q 同时为真(见表 1-8).

表 1-8

P	Q	$P \wedge Q$
0	0	0
0	1	0
1	0	0
1	1	1

我们来看以下例子.

例 1-22

(1) 设 P:小明会跳舞,Q:小明会唱歌.求命题 P,Q 的合取式.

(2) 将语句“李雷学习很认真,并且非常努力”表达式化.

(3) 将语句“尽管韩梅梅去参加了等级考试,但是她没有通过”表达式化.

解

(1) 命题 P、Q 的合取式为:$P \wedge Q$,“小明能歌善舞”.

(2) 设 P:李雷学习认真,Q:李雷学习努力.则“李雷学习很认真,并且非常努力”的表达式为:$P \wedge Q$.

(3) 设 P:韩梅梅参加了考试,Q:韩梅梅通过了考试.则“韩梅梅没有通过考试”表达式为 $\neg Q$;所以“尽管韩梅梅去参加了等级考试,但是她没有通过”的表达式为:$P \wedge \neg Q$.

1.7.3 析取“$\vee$”

设 P 和 Q 为两个命题,用命题联结词“$\vee$”将 P 和 Q 连接成 $P \vee Q$.这里称 $P \vee Q$ 为 P 和 Q 的析取式.表示“…… 或者 ……”,$P \vee Q$ 的值为真,当且仅当 P 和 Q 不同时为假(见表 1-9).

表 1-9

P	Q	$P \vee Q$
0	0	0
0	1	1
1	0	1
1	1	1

我们来看以下例子.

例 1-23

(1) 将语句"这个学期小明学习英语或法语"表达式化.

(2) 将语句"这是灯泡或电线的故障"表达式化.

(3) 将语句"博尔特在这次奥运会上会夺得 100 米或 200 米项目的金牌"表达式化.

(4) 将语句"他明天会去北京或上海出差"表达式化.

(5) 将语句"今天晚上看电影或是听演唱会"表达式化.

解

(1) 设 P:小明学习英语,Q:小明学习法语. 则"这个学期小明学习英语或法语"的表达式为 $P \vee Q$. 因为在这个学期中,小明可以在"英语"和"法语"中任选其一学习,也可两者都学习.

(2) 设 P:灯泡故障,Q:电线故障. 则"这是灯泡或电线的故障"的表达式为 $P \vee Q$.

(3) 设 P:博尔特夺得 100 米项目金牌,Q:博尔特夺得 200 米项目金牌. 则该语句的表达式为 $P \vee Q$.

(4) 设 P:他去北京出差,Q:他去上海出差. 这时候我们需要注意的地方是一个人不可能同时去两个不同的地方,所以这是前文中提到"或"不相容的情况. 为了区分相容与不相容的或,这里引入一个联结词符号"$\overline{\vee}$",表示为不相容的"或".

则"他明天会去北京或上海出差"的表达式为:$P \overline{\vee} Q$.

(5) 设 P:看电影,Q:听演唱会. 同样为不相容的情况,所以"今天晚上看电影或是听演唱会"的表达式为:$P \overline{\vee} Q$.

1.7.4 蕴含"→"

设 P 和 Q 为两个命题,用命题联结词"→"将 P 和 Q 连接成 $P \to Q$. 这里称 $P \to Q$ 为 P 和 Q 的蕴含式. 表示"如果 …… 那么 ……",$P \to Q$ 的值为假,当且仅当 P 为真,Q 为假时,否则 $P \to Q$ 为真(见表 1-10).

表 1-10

P	Q	$P \to Q$
0	0	1
0	1	1
1	0	0
1	1	1

我们来看以下例子.

例 1-24

(1) 将语句“如果没有水分植物就会枯萎”表达式化.

(2) 设 P:今晚学校开会,Q:今晚我回学校.求命题 P、Q 的蕴含式.

(3) 将语句“如果他不来,那太阳会从西边出来”表达式化.

解

(1) 设 P:植物没有水分,Q:植物枯萎.则该语句的表达式为:$P \to Q$.

(2) 命题 P、Q 的蕴含式为:$P \to Q$,“如果今晚学校要开会,那么我会回学校”.

(3) 设 P:他来,Q:太阳从东边出来.则“他不会来”表达为 $\neg P$,“太阳从西边出来”表达为 $\neg Q$;所以“如果他不来,那太阳会从西边出来”的表达式为:$\neg P \to \neg Q$.

在日常生活中,用蕴含式表示的前提和结论之间往往都有因果关系或实质关系,如(1)、(2);也有用否定的方式来肯定一种不会发生的事物,如(3) 实质是要表达肯定.

但是在命题逻辑中,一个蕴含式的前提并不要求与结论有关系.这就意味着前提可以完全与结论没有关系,例如下面的例子.

例 1-25

设 P:水往高处流,Q:老虎会飞.求命题 P、Q 的所有为真的蕴含式.

解

在逻辑命题的范畴中,我们确定“P:水往高处流”为真,“Q:老虎会飞”为真.那么根据蕴含式真值的情况将获得下面三种情况.

(1)“如果水往高处流,那么老虎就会飞”;P:真,Q:真,$P \to Q$:真.

(2)“如果水不往高处流,那么老虎也不会飞”;P:假,Q:假,$P \to Q$:真.

(3)“如果水不往高处流,那么老虎会飞”;P:假,Q:真,$P \to Q$:真.

在这个例子中可以看出,“老虎会飞”与“水往高处流”没有任何因果关系.老虎会飞是命题 Q 所断定的(命题的断定不一定合乎常理).

例 1-26

设 P:天气好,Q:我去公园;将下列语句表达式化.

(1) 如果天气好,我就去公园.

(2) 只要天气好,我就去公园.

(3) 天气好,我就去公园.

(4) 仅当天气好,我才去公园.

(5) 只有天气好,我才去公园.

(6) 我去公园,仅当天气好.

解

(1)、(2)、(3) 直接写成 $P \to Q$.

(4)、(5)、(6) 因为蕴含条件的顺序发生了变化,因此写成 $Q \to P$.

除了简单命题,在蕴含式中也可以采用复合命题.

例 1-27

设 P:$1+2=3$,Q:太阳从东边出来;将下列语句表达式化.

(1) 如果 $1+2=3$,则太阳不从东边出来.

(2) 如果 $1+2\neq 3$,则太阳不从东边出来.

解

(1)“太阳不从东边出来”写成 $\neg Q$;则“如果 $1+2=3$,则太阳不从东边出来”的表达式为:$P\rightarrow\neg Q$.

(2)“$1+2\neq 3$”写成 $\neg P$;则“如果 $1+2\neq 3$,则太阳不从东边出来”的表达式为:$\neg P\rightarrow\neg Q$.

由此可见“$\rightarrow$”既表示充分条件,也表示必要条件.

1.7.5 等价“$\leftrightarrow$”

设 P 和 Q 为两个命题,用命题联结词“$\leftrightarrow$”将 P 和 Q 连接成 $P\leftrightarrow Q$. 这里称 $P\leftrightarrow Q$ 为 P 和 Q 的等价式. 表示“…… 等价于 ……”,“…… 当且仅当 ……”,“…… 充分且必要 ……”. $P\leftrightarrow Q$ 的值为真,当且仅当 P 与 Q 的值相同,否则 $P\leftrightarrow Q$ 为假(见表 1-11).

表 1-11

P	Q	$P\leftrightarrow Q$
0	0	1
0	1	0
1	0	0
1	1	1

我们来看以下例子.

例 1-28

(1) 将语句“命题的值就是真值”表达式化.

(2) 设 P:金字塔是伟大的古代建筑,Q:平行四边形的对边相等. 求命题 P、Q 的所有为真的等价式.

解

(1) 设 P:命题的值,Q:命题的真值,则“命题的值就是真值”的表达式为:$P \leftrightarrow Q$.

(2) 根据等价式真值的情况将获得下面两种情况.

“金字塔是伟大的古代建筑当且仅当平行四边形的对边相等”;P:真,Q:真,$P \leftrightarrow Q$:真.

“金字塔不是伟大的古代建筑的充分必要条件是平行四边形的对边不相等”;P:假,Q:假,$P \leftrightarrow Q$:真.

1.8 命题变元与合式公式

1.8.1 命题变元与合式公式的概念

定义 1.3 有具体含义(真值)的命题称为**常值命题**,也称为**命题常元**. 例如,“3 是素数”就是常值命题.

定义 1.4 用大写英文字母 $P,Q,R,\cdots,P_i,Q_i,R_i,\cdots$ 可表示任何命题,称这些命题符号为**命题变元**或**原子**.

定义 1.5 给命题变元赋值“1”或“0”的过程称为对命题变元做**指派**或**解释**.

其中,命题变元本身不是命题,只有给它一个指派(即赋予一定内容的命题),才变成命题,这时才能确定它的值(真或假).

定义 1.6 单个命题变元和命题常元称为**原子命题公式**,简称**原子公式**.

不是所有由命题变元、联结词和标点符号(左、右括号)所组成的符号串都是命题公式. 通常使用归纳定义命题公式,由这种定义产生的命题公式称为**合式公式**.

合式公式的定义如下:

(1) 原子公式是合式公式.

(2) 若 P 是公式,则 $\neg P$ 是合式公式.

(3) 若 P 和 Q 是公式,则 $P \wedge Q$、$P \vee Q$、$P \rightarrow Q$、$P \leftrightarrow Q$ 都为合式公式.

(4) 有限次地应用(1)、(2)、(3) 所得到的含有原子、联结词、标点符号的符号串是合式公式.

合式公式中的联结词具有不同的优先等级,优先级最高的是“$\neg$”,然后依次是“$\wedge$”,“$\vee$”,“$\rightarrow$”,最低的是“$\leftrightarrow$”. 在合式公式的表达中最外层的标点符号通常不写;如$(P \rightarrow (Q \wedge \neg R))$一般写成$P \rightarrow (Q \wedge \neg R)$.

例 1-29

下面的式子是合式公式.

(1)$(P \leftrightarrow Q)$.

(2) $\neg (P \vee \neg (Q \rightarrow R))$.

(3)$(P \wedge (Q \vee (R \wedge S)))$.

下面的式子不是合式公式.

(4)$P \rightarrow Q)$.

(5) $\neg (P \vee \neg (Q \rightarrow))$.

(6)$(\wedge (Q \vee (R \wedge S)))$.

通常为了方便可以将合式公式简称为公式.

1.8.2　命题符号化

命题符号化的方法:首先要明确给定命题的涵义;其次,对于复合命题要先找联结词,用联结词进行断句,并分解出各个原子命题;最后,设定原子命题的符号并用逻辑联结词联结原子命题符号,构造出给定命题的符号表达式.

请看下面的例子.

例 1-30

将下列命题符号化.

(1) “7” 不是偶数.

(2) 小明虽然聪明,但是他学习不用功.

(3) 韩梅梅美丽善良.

(4) 午餐吃米饭或面条.

(5) 如果下大雪,他就不去爬山.

(6) 只有下大雪,他才不不去爬山.

(7) 若 n 是偶数,当且仅当它能被 2 整除.

解

(1) 设 P:7 是偶数. 则该命题符号化为: $\neg P$.

(2) 设 P:小明聪明, Q:小明学习用功. 则该命题符号化为: $P \wedge \neg Q$.

(3) 设 P:韩梅梅美丽, Q:韩梅梅善良. 则该命题符号化为: $P \wedge Q$.

(4) 设 P:午餐吃米饭, Q:午餐吃面条. 则该命题符号化为: $P \vee Q$.

(5) 设 P:下大雪, Q:他爬山. 则该命题符号化为: $P \rightarrow \neg Q$.

(6) 设 P:下大雪, Q:他爬山. 则该命题符号化为: $\neg Q \rightarrow P$.

(7) 设 P: n 是偶数, Q: n 能被 2 整除. 则该命题符号化为: $P \leftrightarrow Q$.

若命题语句表达比较复杂,则需要抓住"联结词"这个关键点. 请看下面的例子.

例 1-31

将下列命题符号化.

(1) 说计算机数学无用且枯燥无味是不对的.

(2) 如果不去北京和上海,那么就去广州.

(3) 如果小张与小王不都去,那就小李去.

(4) 人不犯我,我不犯人;人若犯我,我必犯人.

解

(1) 设 P:计算机数学是有用的, Q:计算机数学是枯燥无味的.

则该命题符号化为: $\neg(\neg P \wedge Q)$.

(2) 设 P:去北京, Q:去上海, R:去广州.

则该命题符号化为: $(\neg P \wedge \neg Q) \rightarrow R$ 或 $\neg(P \vee Q) \rightarrow R$.

(3) 设 P:小张去, Q:小王去, R:小李去.

则该命题符号化为: $\neg(P \wedge Q) \rightarrow R$ 或 $(\neg P \vee \neg Q) \rightarrow R$.

(4) 设 P:人犯我, Q:我犯人.

则该命题符号化为: $(\neg P \rightarrow \neg Q) \wedge (P \rightarrow Q)$.

1.8.3 公式的赋值(解释)

合式公式(公式)赋值的定义.

定义 1.7 设 G 是公式,$P_1,P_2,\cdots,P_n$ 是出现在 G 中的所有原子(命题变元),给定 $P_1,P_2,\cdots,P_n$ 一组值,则该组值为 G 的一个赋值(解释),记作 I. 如果指定一组值使得 G 的值为真,则称这组值为 G 的成真赋值;如果指定一组值使得 G 的值为假,则称这组值为 G 的成假赋值. 若公式 G 中含有 n 个原子(命题变元),则可以有 2^n 种不同的赋值.

例 1-32

设公式 $G=(P \vee Q) \wedge R$,给定 P、Q、R 的一组赋值 I:(0,1,1). 求公式 G 在赋值 I 下的值.

解

G 在赋值 I 下的值为:$(0 \vee 1) \wedge 1$;且 $(0 \vee 1) \wedge 1=1 \wedge 1=1$,所以 G 在赋值 I 下的值为真.

1.8.4 公式的真值表

公式不同于命题,它没有真值,但是给其中所有的原子指定一组值(赋值)后公式就有了真值. 如果以表的形式给出它的值,则称该表为公式的**真值表**.

由于含有 n 个原子(命题变元)的公式可以有 2^n 种赋值,所以公式的真值表中具有 2^n 行. 其中,原子一般按照字典顺序排列,对每组赋值一般按照 2 进制的大小升序排列(由小到大). 对公式按照先从括号最里层开始,逐层逐项进行分解并列出该项的值,最后一列为所求公式.

我们以下面 4 个例子来进行真值表的构造.

例 1-33

给出下列命题的真值表:

(1) $\neg P \vee Q$

(2) $(P \wedge Q) \wedge \neg P$

(3) $(P \wedge \neg Q) \rightarrow R$

(4) $(P \rightarrow (P \vee Q)) \wedge R$

命题"$\neg P \vee Q$"的真值表如表 1-12 所示.

表 1-12

P	Q	$\neg P$	$\neg P \vee Q$
0	0	1	1
0	1	1	1
1	0	0	0
1	1	0	1

命题“$(P \wedge Q) \wedge \neg P$”的真值表如表 1-13 所示.

表 1-13

P	Q	$P \wedge Q$	$\neg P$	$(P \wedge Q) \wedge \neg P$
0	0	0	1	0
0	1	0	1	0
1	0	0	0	0
1	1	1	0	0

命题“$(P \wedge \neg Q) \rightarrow R$”的真值表如表 1-14 所示.

表 1-14

P	Q	R	$\neg Q$	$P \wedge \neg Q$	$(P \wedge \neg Q) \rightarrow R$
0	0	0	1	0	1
0	0	1	1	0	1
0	1	0	0	0	1
0	1	1	0	0	1
1	0	0	1	1	0
1	0	1	1	1	1
1	1	0	0	0	1
1	1	1	0	0	1

命题“$(P \rightarrow (P \vee Q)) \wedge R$”的真值表如表 1-15 所示.

表 1-15

P	Q	R	$P \vee Q$	$P \to (P \vee Q)$	$(P \to (P \vee Q)) \wedge R$
0	0	0	0	1	0
0	0	1	0	1	1
0	1	0	1	1	0
0	1	1	1	1	1
1	0	0	1	1	0
1	0	1	1	1	1
1	1	0	1	1	0
1	1	1	1	1	1

1.9　公式的类型

对公式按照类型进行划分可分为三类.

1.9.1　重言式

定义 1.8　设 $G(P_1,P_2,\cdots,P_n)$ 是含有 n 个命题变元的合式公式;若不论对 $P_1,P_2,\cdots,P_n$ 作任何赋值,都使得公式 $G(P_1,P_2,\cdots,P_n)$ 的值始终为真,则称公式 G 为**重言式**(或**永真式**).

1.9.2　矛盾式

定义 1.9　设 $G(P_1,P_2,\cdots,P_n)$ 是含有 n 个命题变元的合式公式;若不论对 $P_1,P_2,\cdots,P_n$ 作任何赋值,都使得公式 $G(P_1,P_2,\cdots,P_n)$ 的值始终为假,则称公式 G 为**矛盾式**(或**永假式**).

1.9.3　可满足式

定义 1.10　设 $G(P_1,P_2,\cdots,P_n)$ 是含有 n 个命题变元的合式公式;若不论对 $P_1,P_2,\cdots,P_n$ 作任何赋值,使得公式 $G(P_1,P_2,\cdots,P_n)$ 为真的赋值至少存在一种,则称公式 G 为**可满足式**.

由上述三个定义可知:重言式是可满足式,且是一种特殊的可满足式. 重言式的否定是矛盾式,矛盾式的否定是重言式. 由两个重言式所构成的合取式"∧"、析取式"∨"、蕴涵式"→"、等价式"↔"仍然是重言式.

在命题逻辑中,由于任何一个命题公式的赋值数都是有限的,所以判断公式的类型是可解的.其判定方法有三种:列真值表法、公式等价推演法、求公式的主析取范式法.

请看下面的例子.

例 1-34

判断下列公式的类型:

(1) $\neg P$

(2) $P \vee \neg P$

(3) $P \wedge \neg P$

解

(1) 根据其真值表,$\neg P$ 的值可以为1或0,因此为可满足式.

(2) 根据其真值表,$P \vee \neg P$ 的始终值为1,因此为重言式.

(3) 根据其真值表,$P \wedge \neg P$ 的始终值为0,因此为矛盾式.

1.10 等值公式及基本等值式

1.10.1 等值公式的定义

定义 1.11 设 G 和 H 是含有命题变元($P_1,P_2,\cdots,P_n$)的公式,若对 $P_1,P_2,\cdots,P_n$ 作任何相同赋值对,都使得 G 和 H 的真值相同,则称 G 和 H 是等值的(或等价的),记作 $G \Leftrightarrow H$(或 $G = H$). $G \Leftrightarrow H$ 称为等值式(或等价式).

由定义1.11可知,如果 G 和 H 等值,那么 G 和 H 的真值表中的最后一列完全相同.因此可以采用真值表法来证明两个公式是否等值.

同时,需要将等价联结词"$\leftrightarrow$"和等值式"$\Leftrightarrow$"进行区分."$\leftrightarrow$"是逻辑联结词,是存在于命题公式之中的符号,相当于数学函数中的运算符号;而"$\Leftrightarrow$"是表示两个公式之间的关系,它不是逻辑联结词,不是公式中的符号.

定理 1.5 $G \Leftrightarrow H$ 当且仅当 $G \leftrightarrow H$ 是重言式.

可以用此定理验证等值式.

例 1-35

判断下列命题公式是否等值：

(1) $\neg(P \vee Q)$与$\neg P \vee \neg Q$

(2) $P \rightarrow Q$与$\neg P \vee Q$

(3) $P \leftrightarrow Q$与$(P \wedge Q) \vee (\neg P \wedge \neg Q)$

解

(1) $\neg(P \vee Q)$与$\neg P \vee \neg Q$的真值表如表 1-16 所示.

表 1-16

P	Q	$\neg(P \vee Q)$	$\neg P \vee \neg Q$
0	0	1	1
0	1	0	1
1	0	0	1
1	1	0	0

故$\neg(P \vee Q)$与$\neg P \vee \neg Q$不等值.

(2)$P \rightarrow Q$与$\neg P \vee Q$的真值表如表 1-17 所示.

表 1-17

P	Q	$P \rightarrow Q$	$\neg P \vee Q$
0	0	1	1
0	1	1	1
1	0	0	0
1	1	1	1

故$P \rightarrow Q$与$\neg P \vee Q$是等值的.

(3)$P \leftrightarrow Q$与$(P \wedge Q) \vee (\neg P \wedge \neg Q)$的真值表如表 1-18 所示.

表 1-18

P	Q	$P \rightarrow Q$	$(P \wedge Q) \vee (\neg P \wedge \neg Q)$
0	0	1	1
0	1	1	1
1	0	0	0
1	1	1	1

故$P \leftrightarrow Q$与$(P \wedge Q) \vee (\neg P \wedge \neg Q)$是等值的.

1.10.2 基本等值式

在命题逻辑中有12个常用的等值式(也称命题定律或命题定理).对于比较复杂的命题公式就可以采用推证的方式来证明.

(1) 双重否定律:$G \Leftrightarrow \neg(\neg G)$;

(2) 幂等律:$G \vee G \Leftrightarrow G, G \wedge G \Leftrightarrow G$;

(3) 结合律:$G \vee (H \vee I) \Leftrightarrow (G \vee H) \vee I, G \wedge (H \wedge I) \Leftrightarrow (G \wedge H) \wedge I$;

(4) 交换律:$G \wedge H \Leftrightarrow H \wedge G, G \vee H \Leftrightarrow H \vee G$;

(5) 分配律:$G \vee (H \wedge I) \Leftrightarrow (G \vee H) \wedge (G \vee I)$,

$G \wedge (H \vee I) \Leftrightarrow (G \wedge H) \vee (G \wedge I)$;

(6) 吸收律:$G \vee (G \wedge H) \Leftrightarrow G, G \wedge (G \vee H) \Leftrightarrow G$;

(7) 德·摩根定律:$\neg(G \vee H) \Leftrightarrow \neg G \wedge \neg H, \neg(G \wedge H) \Leftrightarrow \neg G \vee \neg H$;

(8) 同一律:$G \vee 0 \Leftrightarrow G, G \wedge 1 \Leftrightarrow G$;

(9) 零律:$G \vee 1 \Leftrightarrow 1, G \wedge 0 \Leftrightarrow 0$;

(10) 互补律:$G \vee \neg G \Leftrightarrow 1, G \wedge \neg G \Leftrightarrow 0$;

(11) 蕴含等值式:$G \rightarrow H \Leftrightarrow \neg G \vee H, G \rightarrow H \Leftrightarrow \neg H \rightarrow \neg G$;

(12) 等价等值式:

$G \leftrightarrow H \Leftrightarrow (G \rightarrow H) \wedge (H \rightarrow G) \Leftrightarrow (G \wedge H) \vee (\neg G \wedge \neg H)$.

其中,这12个等值式中的G,H,I可以代表任意的命题公式.如由互补率(10)可以推出$P \vee \neg P \Leftrightarrow 1$,$(P \wedge Q) \vee \neg(P \wedge Q) \Leftrightarrow 1$及$(P \rightarrow Q) \wedge \neg(P \rightarrow Q) \Leftrightarrow 0$都是成立的.

利用等值演算可以验证两个命题公式是否等值,判别命题公式的类型,推证一些更为复杂的命题等式以及解决一些实际问题等.

定理1.2 若G是一个命题公式,X是合式公式且也是G中的一部分,如果$X \Leftrightarrow Y$,用Y代替G中的X后得到的公式H,则$G \Leftrightarrow H$.

定理2被称为置换定理,应用置换定理以及前面所列出的基本等值公式可以对给定公式进行等价置换.如已知公式$\neg(P \wedge Q) \vee R$对该公式进行变换,那么可以应用德·摩根定律(7)可知$\neg(P \wedge Q) \Leftrightarrow \neg P \vee \neg Q$,所以$\neg(P \wedge Q) \vee R \Leftrightarrow (\neg P \vee \neg Q) \vee R$;再次应用结合律(3)后可以得到:$\neg(P \wedge Q) \vee R \Leftrightarrow (\neg P \vee \neg Q) \vee R \Leftrightarrow \neg P \vee (\neg Q \vee R)$.

1.10.3 等价公式的证明方法

对于等价公式的证明常用以下两种方法：

方法 1：列出公式的真值表.

方法 2：应用基本等值式对公式进行等值变换.

我们下面的例子来具体说明.

例 1-36

判断下列命题公式是否等值：

$P\rightarrow Q, \neg P\vee Q, \neg Q\rightarrow \neg P$

解

命题公式 A 真值表如表 1-19 所示.

表 1-19

P	Q	$P\rightarrow Q$	$\neg P\vee Q$	$\neg Q\rightarrow \neg Q$
0	0	1	1	1
0	1	1	1	1
1	0	0	0	0
1	1	1	1	1

所以 $P\rightarrow Q\Leftrightarrow \neg P\vee Q\Leftrightarrow \neg Q\rightarrow \neg P$

从上述例子中可以通过真值表看出，无论对 P、Q 作任何指派，都使得 $P\rightarrow Q, \neg P\vee Q, \neg Q\rightarrow \neg P$ 的真值相同，这也表明它们之间是等价的. 前文中所提到的 12 个基本等值式都可以用此方法来证明.

例 1-37

利用基本等值式求证：

$$P \leftrightarrow Q \Leftrightarrow (P \wedge Q) \vee (\neg P \wedge \neg Q).$$

证

$P \leftrightarrow Q$

$\Leftrightarrow (P \rightarrow Q) \wedge (Q \rightarrow P)$ （等价等值式）

$\Leftrightarrow (\neg P \vee Q) \wedge (\neg Q \vee P)$ （蕴含等值式）

$\Leftrightarrow (\neg P \vee Q) \wedge (P \vee \neg Q)$ （交换律）

$\Leftrightarrow ((\neg P \vee Q) \wedge P) \vee ((\neg P \vee Q) \wedge \neg Q)$（分配律）

$\Leftrightarrow (\neg P \wedge P) \vee (Q \wedge P) \vee (\neg P \wedge \neg Q) \vee (Q \wedge \neg Q)$ （分配律）

$\Leftrightarrow 0 \vee (Q \wedge P) \vee (\neg P \wedge \neg Q) \vee 0$ （零律）

$\Leftrightarrow (P \wedge Q) \vee (\neg P \wedge \neg Q)$ **证毕**

上述例子的证明过程就是由基本等值式推导而来的.

例 1-38

利用基本等值式求证：$(\neg P \vee Q) \rightarrow (P \wedge Q) \Leftrightarrow P$.

证

$(\neg P \vee Q) \rightarrow (P \wedge Q)$

$\Leftrightarrow \neg(\neg P \vee Q) \vee (P \wedge Q)$ （蕴含等值式）

$\Leftrightarrow (\neg\neg P \wedge \neg Q) \vee (P \wedge Q)$ （摩根定律）

$\Leftrightarrow (P \vee \neg Q) \vee (P \wedge Q)$ （双重否定律）

$\Leftrightarrow (Q \vee \neg Q) \wedge P$ （分配律）

$\Leftrightarrow 1 \wedge P$ （互补律）

$\Leftrightarrow P$ （同一律） **证毕**

再来看以下例子

例 1-39

化简：$G=\neg(P\wedge Q)\rightarrow(\neg P\vee(\neg P\vee Q))$.

解

$G\Leftrightarrow\neg(\neg(P\wedge Q))\vee((\neg P\vee\neg P)\vee Q)$ （蕴含等值式，结合律）

$\Leftrightarrow(P\wedge Q)\vee(\neg P\wedge Q)$ （双重否定律，幂等律）

$\Leftrightarrow((P\wedge Q)\vee Q)\vee\neg P$ （交换律）

$\Leftrightarrow Q\vee\neg P$ （吸收律）

用于判断公式的类型（重言式、矛盾式、可满足式）.

例 1-40

判断公式$\neg(P\rightarrow Q)\wedge Q$的类型.

解

$\Leftrightarrow\neg(\neg P\vee Q)\wedge Q$ （蕴含等值式）

$\Leftrightarrow(\neg(\neg P)\wedge\neg Q)\wedge Q$ （摩根定律）

$\Leftrightarrow(P\wedge\neg Q)\wedge Q$ （双重否定律）

$\Leftrightarrow P\wedge(Q\wedge\neg Q)$ （结合律）

$\Leftrightarrow P\wedge 0$ （互补律）

$\Leftrightarrow 0$ （零律）

所以公式$\neg(P\rightarrow Q)\wedge Q$为矛盾式.

1.11 对偶式与重言蕴含式

1.11.1 等值公式的对偶性

从前面列出的等值公式看出，有很多是成对出现的. 这就是等值公式的对偶性.

定义 1.12 在一个只含有联结词“$\neg$，$\wedge$，$\vee$”的公式G中，若将$\wedge$换成$\vee$，$\vee$换成$\wedge$，0换成1，1换成0，其余部分不变，所得到另一个公式G^*，则称公

式 G 与 G^* 互为**对偶式**.

例 1-41

P 与 P;

$\neg Q \wedge R$ 与 $\neg Q \vee R$;

$(P \vee 1) \wedge \neg Q$ 与 $(P \wedge 0) \vee \neg Q$;

定理 1.7 设 $G(P_1,P_2,\cdots,P_n)$ 是一个只含有联结词"$\neg$, $\wedge$, $\vee$"的命题公式,则 $\neg G(P_1,P_2,\cdots,P_n) \Leftrightarrow G^*(\neg P_1,\neg P_2,\cdots,\neg P_n)$.

推论 1.1 $\neg G(P_1,P_2,\cdots,P_n) \Leftrightarrow G^*(\neg P_1,\neg P_2,\cdots,\neg P_n)$

设 $G(P,Q) \Leftrightarrow P \vee Q, G^*(P,Q) \Leftrightarrow P \wedge Q$

则 $\neg G(P,Q) \Leftrightarrow \neg(P \vee Q) \Leftrightarrow \neg P \wedge \neg Q$

$G^*(\neg P,\neg Q) \Leftrightarrow \neg P \wedge \neg Q$

所以 $\neg G(P,Q) \Leftrightarrow G^*(\neg P,\neg Q)$

定理 1.8 设 $G(P_1,P_2,\cdots,P_n)$, $H(P_1,P_2,\cdots,P_n)$ 是只含有联结词"$\neg$, $\wedge$, $\vee$"的命题公式,如果 $G(P_1,P_2,\cdots,P_n) \Leftrightarrow H(P_1,P_2,\cdots,P_n)$ 成立,那么有 $G^*(P_1,P_2,\cdots,P_n) \Leftrightarrow H^*(P_1,P_2,\cdots,P_n)$.

证 已知 $G(P_1,P_2,\cdots,P_n) \Leftrightarrow H(P_1,P_2,\cdots,P_n)$

故 $G(\neg P_1,\neg P_2,\cdots,\neg P_n) \Leftrightarrow H(\neg P_1,\neg P_2,\cdots,\neg P_n)$

$G(\neg P_1,\neg P_2,\cdots,\neg P_n) \Leftrightarrow \neg G^*(P_1,P_2,\cdots,P_n)$

$H(\neg P_1,\neg P_2,\cdots,\neg P_n) \Leftrightarrow \neg H^*(P_1,P_2,\cdots,P_n)$

故 $\neg G^*(P_1,P_2,\cdots,P_n) \Leftrightarrow \neg H^*(P_1,P_2,\cdots,P_n)$

所以 $G^*(P_1,P_2,\cdots,P_n) \Leftrightarrow H^*(P_1,P_2,\cdots,P_n)$ **证毕**

该定理称为**对偶原理**.

下面用基本等值式(分配律)来验证一下对偶原理.

例 1-42

分配律: $P \vee (Q \wedge R) \Leftrightarrow (P \vee Q) \wedge (P \vee R)$

则 $G = P \vee (Q \wedge R), G^* = P \wedge (Q \vee R)$

$H = (P \vee Q) \wedge (P \vee R)$

$H^* = (P \wedge Q) \vee (P \wedge R)$

而 $P \wedge (Q \vee R) \Leftrightarrow (P \wedge Q) \vee (P \wedge R)$

所以 $G^* \Leftrightarrow H^*$

1.11.2　重言蕴含式

一个重要的重言式：$(P \wedge (P \rightarrow Q)) \rightarrow Q$. 因为该公式中包含联结词"→"，所以这是一个重要重言式，也称为**重言蕴含式**.

定义 1.13　如果公式 $G \rightarrow H$ 是重言式，则称 G 重言（永真）蕴含 H，记作 $G \Rightarrow H$.

注意：符号"⇒"不是联结词，它用来表示公式间的"重言蕴含"关系，也可以表示为推导关系，即 $G \Rightarrow H$ 表示为由 G 推导出 H，即由 G 为真可以推出 H 为真. 称 G 为前件，H 为后件.

例 1-43

证明：$G \Rightarrow H$ 是重言（永真）式.

证

$G \Rightarrow H$　可以表达成 $(P \wedge (P \rightarrow Q)) \rightarrow Q$

列出 $(P \wedge (P \rightarrow Q)) \rightarrow Q$ 的真值表，如表 1-20 所示.

表 1-20

P	Q	$P \rightarrow Q$	$P \wedge (P \rightarrow Q)$	$(P \wedge (P \rightarrow Q)) \rightarrow Q$
0	0	1	0	1
0	1	1	0	1
1	0	0	0	1
1	1	1	1	1

所以 $(P \wedge (P \rightarrow Q)) \rightarrow Q$ 是重言（永真）式　　**证毕**

重言蕴含式具有以下三个性质：

(1) 自反性，对任何命题公式 G，有 $G \Rightarrow G$；

(2) 传递性，若 $G \Rightarrow H$ 且 $H \Rightarrow I$，则有 $G \Rightarrow I$；

(3) 反对称性，若 $G \Rightarrow H$ 且 $H \Rightarrow G$，则有 $G \Leftrightarrow H$.

表 1-16

一组重要的重言蕴含式
(1) $G \wedge H \Rightarrow G$
(2) $G \wedge H \Rightarrow H$
(3) $G \Rightarrow G \vee H$

(4) $H \Rightarrow G \vee H$

(5) $\neg G \Rightarrow G \to H$

(6) $H \Rightarrow G \to H$

(7) $\neg (G \to H) \Rightarrow G$

(8) $\neg (G \to H) \Rightarrow \neg H$

(9) $G, H \Rightarrow G \vee H$

(10) $\neg G \wedge (G \vee H) \Rightarrow H$

(11) $G \wedge (G \to H) \Rightarrow H$

(12) $\neg H \wedge (G \to H) \Rightarrow \neg G$

(13) $(G \to H) \wedge (H \to I) \Rightarrow G \to I$

(14) $(G \vee H) \wedge (G \to I) \wedge (H \to I) \Rightarrow I$

(15) $G \to H \Rightarrow (G \vee I) \to (H \vee I)$

(16) $G \to H \Rightarrow (G \wedge I) \to (H \wedge I)$

1.12 主合取范式与主析取范式

合取范式与析取范式都是命题公式的一种标准形式.

定义 1.13 用"$\wedge$"联结命题变元或命题变元的否定构成的命题公式称为合取式.

如 $P, \neg P, P \wedge Q, P \vee \neg Q, P \wedge Q \wedge R$ 等都是合取式.

定义 1.14 用"$\vee$"联结命题变元或命题变元的否定构成的命题公式称为**析取式**.

如 $P, \neg P, P \vee Q, P \vee \neg Q, P \vee Q \vee R$ 等都是析取式.

1.12.1 合取范式与析取范式

范式就是命题公式中只含有"$\neg$","$\wedge$","$\vee$"三种联结词的规范形式.

定义 1.15 公式 G 如形式 $G_1 \wedge G_2 \wedge \cdots \wedge G_n (n \geqslant 1)$,其中,$G_i (i = 1,2,\cdots,n)$ 是析取式,则称 G 为**合取范式**.

定义 1.16 公式 G 如形式 $G_1 \vee G_2 \vee \cdots \vee G_n (n \geqslant 1)$,其中,$G_i (i = 1,2,$

$\cdots,n$) 是合取式,则称 G 为**析取范式**.

合取范式与析取范式统称为范式.如 $P\leftrightarrow Q$ 的合取范式为 $(\neg P\vee Q)\wedge(P\vee\neg Q)$,而析取范式为 $(P\wedge Q)\vee(\neg P\wedge\neg Q)$.

通常合取范式与析取范式的求法会采用以下步骤:

(1) 采用蕴含等值式 $G\rightarrow H\Leftrightarrow\neg G\vee H$,替换公式中的"→"联结词;用等价等值式 $G\leftrightarrow H\Leftrightarrow(G\wedge H)\vee(\neg G\wedge\neg H)$ 或 $G\leftrightarrow H\Leftrightarrow(\neg G\vee H)\wedge(G\vee\neg H)$,替换公式中的"↔"联结词.

(2) 用摩根定率 $\neg(G\vee H)\Leftrightarrow\neg G\wedge\neg H$, $\neg(G\wedge H)\leftrightarrow\neg G\vee\neg H$ 或否定公式 $\neg G(P_1,P_2,\cdots,P_n)\Leftrightarrow G*(\neg P_1,\neg P_2,\cdots,\neg P_n)$ 将公式中的"¬"联结词后移至命题变元之前.

(3) 用分配率、幂等律等基本等值式对公式进行整理调整,使之符合范式的形式要求.

例 1-44

求公式 $(P\leftrightarrow Q)\rightarrow R$ 的合取范式及析取范式.

解

$(P\leftrightarrow Q)\rightarrow R$

$\Leftrightarrow\neg((P\wedge Q)\vee(\neg P\wedge\neg Q))\vee R$

$\Leftrightarrow\neg((P\vee\neg Q)\wedge(P\vee Q))\vee R$

$\Leftrightarrow(\neg P\vee\neg Q\vee R)\wedge(P\vee Q\vee R)$

$(P\leftrightarrow Q)\rightarrow R$ 的合取范式为

$(\neg P\vee\neg Q\vee R)\wedge(P\vee Q\vee R)$

$(P\leftrightarrow Q)\rightarrow R$

$\Leftrightarrow((P\rightarrow Q)\wedge(Q\rightarrow P))\rightarrow R$ (等价等值式)

$\Leftrightarrow((\neg P\vee Q)\wedge(P\vee\neg Q))\vee R$ (蕴含等值式)

$\Leftrightarrow((P\wedge\neg Q)\wedge(\neg P\wedge Q))\vee R$ (摩根定率)

$(P\leftrightarrow Q)\rightarrow R$ 的析取范式为

$(P\wedge\neg Q)\vee(\neg P\wedge Q)\vee R$

需要注意的地方是,一个公式的合取范式或析取范式并不唯一,可能会有多个.但是主合取范式与主析取范式的形式是唯一的.

1.12.2 主合取范式

定义 1.17 在含有 n 个命题变元的析取式中,每个命题变元(或其否定式)

必出现且仅出现一次,称为极大项.

如有两个命题变元 P、Q 的极大项:$P \vee Q, P \vee \neg Q, \neg P \vee Q, \neg P \vee \neg Q$,则.

(1) 命题变元与这个命题变元的否定不能同时出现在一个极大项中.

(2) 每个极大项都必须含有 n 个命题变元(或它们的否定).

(3) 极大项中命题变元的标识字母按字典顺序排列.

并且极大项具有以下性质:

(1) 若公式中含有 n 个命题变元,则有 2^n 个极大项.

(2) 每一组指派有且仅有一个极大项为 0.

(3) 极大项的析取为永真,即 $m_i \vee m_j = 1$.

(4) 所有极大项的合取为永假,即 $m_1 \wedge m_2 \wedge \cdots \wedge m_{2^n} = 0$.

给出两个命题变元 P、Q 的极大项:$P \vee Q, P \vee \neg Q, \neg P \vee Q, \neg P \vee \neg Q$ 在所有指派下的真值表(见表 1-21).

表 1-21

		M_1	M_2	M_3	M_4
P	Q	$P \vee Q$	$P \vee \neg Q$	$\neg P \vee Q$	$\neg P \vee \neg Q$
0	0	0	1	1	1
0	1	1	0	1	1
1	0	1	1	0	1
1	1	1	1	1	0

可以看到每个极大项只有一组指派下为 0,即每组指派有且仅有一个极大项为 0.同时,为了方便表达,将各组指派对应的值为"0"的极大项分别记作:$M_1, M_2, \cdots, M_{2^n}$.对应上表中的值为 0 的项,则可以得到 $M_1 \Leftrightarrow P \vee Q, M_2 \Leftrightarrow P \vee \neg Q, M_3 \Leftrightarrow \neg P \vee Q, M_4 \Leftrightarrow \neg P \vee \neg Q$,也可以用命题变元的指派来记:$M_1 = M_{00}, M_2 = M_{01}, M_3 = M_{10}, M_4 = M_{11}$.

定义 1.18 若命题公式的合取范式为 $G_1 \wedge G_2 \wedge \cdots \wedge G_n (n \geqslant 1)$,其中,$G_i (i = 1,2,\cdots,n)$ 都是极大项,则该范式为主合取范式.

定理 1.19 任何含有 n 个命题变元的非永真的命题公式 G 都存在与其等值的主合取范式(主合取范式存在定理).

对公式求主合取范式主要分为两种方式:列真值表和用公式等值变换.

1. 列真值表法

首先列出给定公式的真值表;然后再找出真值表中每个"0"所对应的极大

项；最后用“$\wedge$”联结所有极大项，即得出该公式的主合取范式．其中，若命题变元 P 被指派为“0”，则 P 在极大项中以“P”形式出现；反之，若命题变元 P 被指派为“1”，则 P 在极大项中以“$\neg P$”形式出现．

例 1-45

求下列公式的主合取范式．

(1) $P \rightarrow Q$

(2) $P \leftrightarrow Q$

解

(1) 列出 $P \rightarrow Q$ 的真值列表，如表 1-22 所示．

表 1-22

P	Q	$P \rightarrow Q$
0	0	1
0	1	1
1	0	0
1	1	1

$P \rightarrow Q$ 的极大项为：$\neg P \vee Q$

所以 $P \rightarrow Q$ 的主合取范式为：$\neg P \vee Q$

(2) 列出 $P \leftrightarrow Q$ 的真值列表，如表 1-23 所示．

表 1-23

P	Q	$P \leftrightarrow Q$
0	0	1
0	1	0
1	0	0
1	1	1

$P \leftrightarrow Q$ 的极大项为：$P \vee \neg Q$ 和 $\neg P \vee Q$

所以 $P \leftrightarrow Q$ 的主合取范式为：$(P \vee \neg Q) \wedge (\neg P \vee Q)$

我们再来看下面的列子．

例 1-46

已知公式 $G(P,Q,R)$ 的真值表如，如表 1-24 所示.

表 1-24

P	Q	R	$G(P,Q,R)$	P	Q	R	$G(P,Q,R)$
0	0	0	1	1	0	0	1
0	0	1	0	1	0	1	0
0	1	0	0	1	1	0	1
0	1	1	1	1	1	1	1

求公式 G 的主合取范式.

解

真值表中为 0 的项都是极大项，即 $P \vee Q \vee \neg P, P \vee \neg Q \vee R, \neg P \vee Q \vee \neg R$ 三项. 所以 $G(P,Q,R)$ 的主合取范式为

$$(P \vee Q \vee \neg R) \wedge (P \vee \neg Q \vee R) \wedge (\neg P \vee Q \vee \neg R)$$

2. 公式等值变换法

首先确定命题公式的主合取范式的基本形式 $G_1 \wedge G_2 \wedge \cdots \wedge G_n$；然后使每个 $G_i(G_i(i=1,2,\cdots,n))$ 都成为极大项，并补全 G_i 所缺少的命题变元（如缺少命题变元 P，则用“$\vee$”联结矛盾式 $P \wedge \neg P$ 的形式补上）；最后用基本等值式加以调整.

例 1-47

求 $(P \to Q) \to R$ 的主合取范式.

解

$(P \to Q) \to R$

$\Leftrightarrow \neg(\neg P \vee Q) \vee R$

$\Leftrightarrow (P \wedge \neg Q) \vee R$

$\Leftrightarrow (P \vee R) \wedge (\neg Q \vee R)$

$\Leftrightarrow (P \vee (Q \wedge \neg Q) \vee R) \wedge ((P \wedge \neg P) \vee \neg Q \vee R)$ （添加命题变元 Q、R）

$\Leftrightarrow (P \vee Q \vee) \wedge (P \vee \neg Q \vee R) \wedge (P \vee \neg Q \vee R) \wedge (\neg P \vee \neg Q \vee R)$

$\Leftrightarrow (P \vee Q \vee R) \wedge (P \vee \neg Q \vee R) \wedge (\neg P \vee \neg Q \vee R)$

所以$(P \to Q) \to R$的主合取范式为

$(P \vee Q \vee R) \wedge (P \vee \neg Q \vee R) \wedge (\neg P \vee \neg Q \vee R)$

1.12.3 主析取范式

定义 1.19 在含有n个命题变元的合取式中，每个命题变元(或其否定式)必出现且仅出现一次，则该合取式称为**极小项**.

如有两个命题变元P、Q的极小项：$P \wedge Q, P \wedge \neg Q, \neg P \wedge Q, \neg P \wedge \neg Q$,则

(1) 命题变元与这个命题变元的否定不能同时出现在一个极大项中.

(2) 每个极小项都必须含有n个命题变元(或它们的否定).

(3) 极小项中命题变元的标识字母按字典顺序排列.

并且极小项具有以下性质：

(1) 若公式中含有n个命题变元，则有2^n个极小项.

(2) 每一组指派有且仅有一个极小项为1.

(3) 极小项的合取为永真，即$m_i \wedge m_j = 1$.

(4) 所有极大项的析取为永真，即$m_i \vee m_2 \vee \cdots \vee m_{2^n} = 1$.

给出两个命题变元P、Q的极小项：$P \wedge Q, P \wedge \neg Q, \neg P \wedge Q, \neg P \wedge \neg Q$在所有指派下的真值表(见表 1-28).

表 1-25

		M_1	M_2	M_3	M_4
P	Q	$P \wedge Q$	$P \wedge \neg Q$	$\neg P \wedge Q$	$\neg P \wedge \neg Q$
0	0	0	0	0	1
0	1	0	0	1	0
1	0	0	1	0	0
1	1	1	0	0	0

可以看到每个极小项只有一组指派下为1，即每组指派有且仅有一个极小项为1.同时，为了方便表达，将各组指派对应的值为“1”的极小项分别记作：

$m_1, m_2, \cdots, m_2$. 对应表1-25中值为1的项，则可以得到$m_1 \Leftrightarrow \neg P \wedge \neg Q, m_2 \Leftrightarrow \neg P \wedge Q, m_3 \Leftrightarrow \neg P \wedge \neg Q, m_4 \Leftrightarrow \neg P \wedge Q$，也可以用命题变元的指派来记：$m_1 = m_{00}, m_2 = m_{01}, m_3 = m_{10}, m_4 = m_{11}$.

定义 1.20 若命题公式的析取范式为$G_1 \vee G_2 \vee \cdots \vee G_n (n \geqslant 1)$，其中，$G_i(G_i(i = 1, 2, \cdots, n))$都是极小项，则该范式为**主析取范式**.

定理 1.10 任何含有n个命题变元的非矛盾式的命题公式G都存在与其等值的主析取范式(主析取范式存在定理).

对公式求主析取范式主要分为列真值表及公式等值变换两种方式.

1. 列真值表法

首先列出给定公式的真值表；然后找出真值表中每个为"1"的所对应的极小项；最后用"∨"联结所有极小项，即得出该公式的主析取范式. 与求主合取范式一样若命题变元P被指派为"0"，则P在极大项中以"P"形式出现；反之，若命题变元P被指派为"1"，则P在极大项中以"P"形式出现.

例 1-48

求下列公式的主析取范式：

(1)$P \to Q$

(2)$P \leftrightarrow Q$

解

(1) 列出$P \to Q$的真值列表，如表1-26所示.

表 1-26

P	Q	$P \to Q$
0	0	1
0	1	1
1	0	0
1	1	1

$P \to Q$的极小项为：$\neg P \wedge \neg Q, \neg P \wedge Q, P \wedge Q$三项.

所以$P \to Q$的主析取范式为

$$(\neg P \wedge \neg Q) \vee (\neg P \wedge Q) \vee (P \wedge Q)$$

(2) 列出$P \leftrightarrow Q$的真值列表，如表1-27所示.

表 1-27

P	Q	$P\leftrightarrow Q$
0	0	1
0	1	0
1	0	0
1	1	1

$P\leftrightarrow Q$ 的极小项为：$\neg P \vee \neg Q$ 和 $P \wedge Q$ 两项.

所以 $P\leftrightarrow Q$ 的主析取范式为

$$(\neg P \wedge \neg Q) \vee (P \wedge Q)$$

2. 公式等值变换法

首先确定命题公式的主析取范式的基本形式 $G_1 \vee g_2 \vee \cdots \vee G_n$；然后使每个 $G_i(G_i(i=1,2,\cdots,n))$ 都成为极小项，并补全 G_i 所缺少的命题变元（如缺少命题变元 P，则用"$\wedge$"联结永真式 $P \vee \neg P$ 以分配率的形式补上）；最后用基本等值式加以调整.

例 1-49

求 $P \to Q$ 的主析取范式.

解

$P \to Q$

$\Leftrightarrow \neg P \vee Q$

$\Leftrightarrow (\neg P \vee (Q \vee \neg Q)) \vee ((P \vee \neg P) \wedge Q)$ （添加命题变元 Q,P）

$\Leftrightarrow (\neg P \wedge Q) \vee (\neg P \wedge \neg Q) \vee (P \wedge Q) \vee (\neg P \wedge Q)$

$\Leftrightarrow (\neg P \wedge Q) \vee (\neg P \wedge \neg Q) \vee (P \wedge Q)$

所以 $P \to Q$ 的主析取范式为

$(\neg P \wedge Q) \vee (\neg P \wedge \neg Q) \vee (P \wedge Q)$

1.12.4 主范式的应用

主范式可以用于对公式类型的判断及证明.

若给定一个公式需要判断其类型，那么：

(1) 若该公式的主析取范式含有全部极小项，那么该公式为重言(永真)式.

(2) 若该公式的主合取范式含有全部极大项，那么该公式为矛盾(永假)式.

(3) 若该公式的主析(合)取范式既有极小项，又有极大项，那么该公式为可满足式.

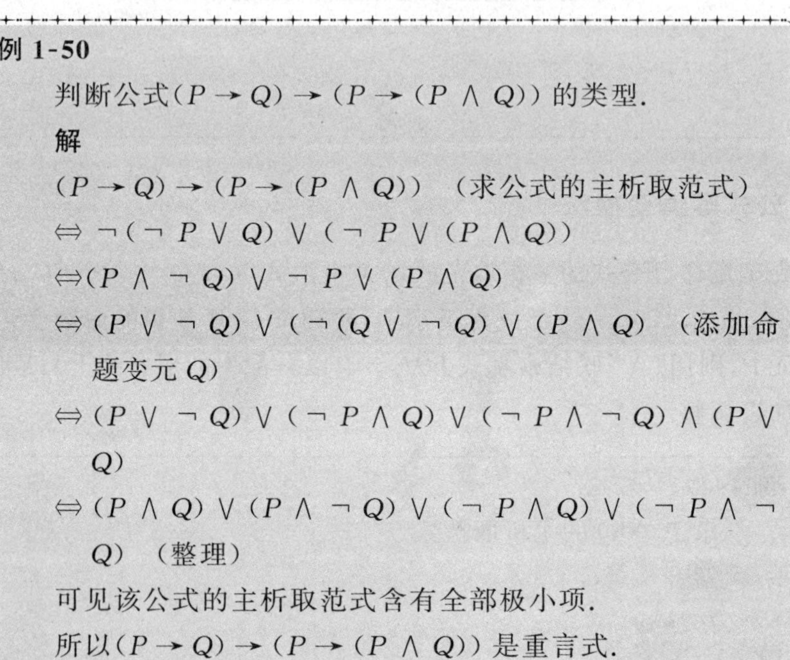

例 1-50

判断公式$(P \to Q) \to (P \to (P \wedge Q))$的类型.

解

$(P \to Q) \to (P \to (P \wedge Q))$ （求公式的主析取范式）

$\Leftrightarrow \neg(\neg P \vee Q) \vee (\neg P \vee (P \wedge Q))$

$\Leftrightarrow (P \wedge \neg Q) \vee \neg P \vee (P \wedge Q)$

$\Leftrightarrow (P \vee \neg Q) \vee (\neg(Q \vee \neg Q) \vee (P \wedge Q)$ （添加命题变元 Q）

$\Leftrightarrow (P \vee \neg Q) \vee (\neg P \wedge Q) \vee (\neg P \wedge \neg Q) \wedge (P \vee Q)$

$\Leftrightarrow (P \wedge Q) \vee (P \wedge \neg Q) \vee (\neg P \wedge Q) \vee (\neg P \wedge \neg Q)$ （整理）

可见该公式的主析取范式含有全部极小项.

所以$(P \to Q) \to (P \to (P \wedge Q))$是重言式.

习题 1

1. 请指出下列语句中的前提与结论.

(1) 我们可以预防大多数的癌症，即使我们不能直接找到这些癌症的病因；但显然对于癌症的预防研究比治疗研究更为重要.

(2) 不要去批评别人，因为我们自身还做得不够好.

(3) 由于它们既给病原体扫清道路，又给病原体提供免费的交通工具，所以螨虫是一种有害的传病媒介.

(4) 因为光以恒定的速度运行，所以现在看到的距离百万光年以外的天体实际上是它们在百万年之前所发出的光线.

(5) 对于魔术师而言，理想的观众是数学家、哲学家和科学家. 因为他们的头脑对于有逻辑的因果联系接收得很快，当出现“不合逻辑”的幻觉时，他们更容易感到惊奇.

2. 判断下列语句是否为命题.

(1) 4 能被 2 整除.

(2) 今天会出太阳吗?

(3) 他学习真努力啊!

(4) $a \div b$

(5) 如果今天不下雨，那么我就去公园散步.

3. 判断下列命题是简单命题还是复合命题.

(1) 今天可以去看电影或是去公园.

(2) 今天要上课.

(3) 计算机基础数学是一门专业基础课程.

(4) 认识功能依赖于大脑中受酶影响的神经化学作用. 这些酶由基因构成. 如果智力功能没有受基因影响，那是难以令人置信的.

4. 将下列语句数学符号化.

(1) 如果你不去，那么他就不去学校.

(2) 尽管他努力了，但是他是没有完成这次的任务.

(3) 如果我有空而且没有下雨，那么我就进城一趟.

(4) 我们中午吃米饭或馒头.

(5) 侈而惰者贫，而力而俭者富.

5. 设原子 P、Q 的值为 0；R、S 的值为 1，求下列各命题公式的值.

(1) $P \wedge Q \vee \neg R$

(2) $(P \wedge Q) \vee (R \rightarrow S)$

(3) $(P \vee R) \rightarrow (Q \vee S)$

(4) $P \rightarrow (Q \vee (R \leftrightarrow S))$

(5) $(\neg P \wedge R) \rightarrow (Q \vee \neg (P \wedge S))$

6. 列出下列各公式的真值表.

(1) $P \rightarrow (Q \wedge R)$

(2) $(P \wedge \neg Q) \vee R$

7. 判断下列命题公式的类型(重言、矛盾、可满足).

(1) $(P \to Q) \to ((P \land Q) \lor P)$

(2) $(P \to Q) \lor (Q \to P)$

(3) $\neg (Q \to P) \land P$

(4) $P \to (Q \to R) \leftrightarrow (P \land) Q \to R$

8. 化简$((P \to \neg P) \to Q) \to ((\neg P \to P) \to P)$.

9. 求命题公式 $P \to ((Q \lor P) \lor R)$ 的真值.

10. 证明$(P \to (Q \land \neg R)) \land \neg P \land Q$与$\neg (P \lor \neg Q)$等值.

11. 求下列公式的合取范式及析取范式.

(1) $(P \lor Q) \to R$

(2) $(P \lor Q) \to (R \lor Q)$

12. 求下列公式的主合取范式及主析取范式.

(1) $(\neg P \to R) \land (P \leftrightarrow Q)$

(2) $(P \to Q) \to R$

第 2 章　基础组合数学

组合数学也被称为组合论，它是一个历史悠久的数学分支.组合数学所研究的中心问题就是“按照一定的规则来安排事物的数学问题”.20 世纪 40 年代以来，随着电子计算机的出现，计算机科学、数字通信、网络规划等方面的发展需求极大地推动和刺激了组合数学的发展.本章的学习目的就是介绍组合数学的基本原理和方法.

2.1　组合数学的基本概念

组合数学问题在日常生活中随处可见.如：计算以班级为队伍的球赛，在全校班级都参加且每个班级只和其他班级比赛一次(单循环赛)的情况下总的比赛次数；在一副扑克(54 张牌)中任意抓取 13 张扑克牌会有多少种可能出现的情况；在纸上画出一个网格图像，用铅笔沿着网格的线走，在铅笔不离开纸面且不重复线路的条件下，一笔画出网格图像；等等.显而易见，组合数学的历史与数学娱乐及数学游戏的关系是密不可分的.

组合数学通常会涉及将一个集合的事物排列成满足一些特定规则的格式.下面的两个一般性问题就是我们首要考虑的：

(1) 排列的存在性：如果想要排列一个集合的成员使得满足一些特定的条件，那么这样一种排列是否存在?或根本就不可行?

(2) 排列的计数和分类：如果一个指定的排列是可行的，那么存在多少种可以实现它的方法?对这些可行的方法该如何分类?

虽然对于任何组合问题都可以考虑其存在和计数的问题，但通常情况下更为广泛的是考虑存在性的问题，这是因为要考虑计数问题是非常困难的，特别是在某些特定的情况下，如一副扑克在去掉大、小 JOKER 的情况下，52 张扑克的可能出现的排列数量为 52!，这是一个长达 68 位的天文数字(80658175170943878571660636856403766975289505440883277824000000000000).

2.1.1　数学归纳法

数学归纳是组合数学中被广泛应用的方法.数学归纳法的用途是它可以推断某些在一系列的特殊情形已经成立了的数学命题在一般情形下是不是也正确.它的原则如下：

若有一个数学命题符合下面两个条件：

(1) 这个命题对 $n=1$ 是正确的.

(2) 假设这个命题对任意一个正整数 $n=k-1$ 是正确的，那么就可以推出它对于 $n=k$ 也是正确的.

则可以推导出这个命题对于所有的正整数 n 都是正确的.

如果说数学归纳法的原则不是正确的，那就是说这个命题并非对所有的正整数 n 都是正确的，那么就一定可以找到一个使命题不正确的最小的正整数 m.由于已知这个命题对 $n=1$ 是正确的，所以 m 一定大于1.由于 m 是一个大于 1 的正整数，所以 $m-1$ 也是一个正整数.但是 m 是使命题不正确的最小的正整数，由于 $m-1$ 小于 m，所以命题对 $n=m-1$，一定是正确的.这样就得出，对于正整数 $m-1$ 命题是正确的，而对于紧邻的正整数 m，命题不正确.这个和数学归纳法原则中的条件(2) 相冲突，所以不成立.

我们来看下面的例子.

例 2-1

证明若 n 为一个正整数，则 n^3+5n 是 6 的倍数.

证

(1) 当 $n=1$ 时，有 $n^3+5n=6$，所以当 $n=1$ 时，数学命题成立.

(2) 设 k 是一个 $\geqslant 2$ 的整数，令该数学命题对 $n=k-1$ 成立，即假定

$(k-1)^3+5(k-1)=6m$ 成立，其中 m 是一个整数. 由此来推出 k^3+5k 是 6 的倍数.

由归纳法假设：

$$\begin{aligned}k^3+5k &= (k+1-1)^3+5(k+1-1)\\&=(k-1)^3+3(k-1)^2+3(k-1)\\&\quad+1+5(k-1)+5\\&=(k-1)^3+5(k-1)+3(k-1)k+6\\&=6\left(m+1+\frac{k(k-1)}{2}\right)\end{aligned}$$

由于 k 是一个整数，所以 $\frac{k(k-1)}{2}$ 也是一个整数，因而 $m+1+\frac{k(k-1)}{2}$ 也是一个整数. 由此可以说明 k^3+5k 确实是 6 的倍数.

所以 n^3+5n 是 6 的倍数.

证毕

然而，许多组合数学问题的解决还需要一些特别的论证. 为了使讨论更加具体，我们来分析以下几实例.

2.1.2　幻方(洛书)问题

幻方是最古老和最流行的数学游戏之一. 一个 n 阶幻方是由整数 $1,2,3,\cdots,n^2$ 组成的 $n\times n$ 的方阵. 该方阵每行上整数的和、每列上整数的和以及两条对角线上整数的和都等于同一个数 s. 这个整数 s 就称为该幻方的幻和.

例 2-2 中分别为 3 阶和 4 阶幻方的例子.

例 2-2

$$\begin{bmatrix}8&1&6\\3&5&7\\4&9&2\end{bmatrix}\qquad\begin{bmatrix}16&3&2&13\\5&10&11&8\\9&6&7&12\\4&15&14&1\end{bmatrix}$$

这两个幻方的幻和分别是 15 和 34.

一个 n 阶幻方中的所有整数的和为 $1+2+3+\cdots+n^2=\frac{n^2(n^2+1)}{2}$，由于

一个 n 阶幻方共有 n 行，每一行都有一个幻和 s，因此可以得到 $n \times s = \frac{n^2(n^2+1)}{2}$，所以任意两个 n 阶幻方都有相同的幻和，即 $s = \frac{n(n^2+1)}{2}$.

其组合问题就是，确定那些能够组成 n 阶幻方的 n 的值，同时找出一般的构造方法. 可以通过实际验证，不存在 2 阶幻方. 但是对于所有其他的正整数 n，n 阶幻方都能够构造出来. 目前构造幻方的方法有很多种. 其中，比较著名的有：de la Loubere 在 17 世纪所发现的对于奇数阶的幻方构造方法；Rouse Ball 在 1962 年所发现的偶数阶的幻方构造方法.

例 2-3

在我国的神话传说中，有一位叫“禹”的人物. 传说在四千年前，他为了治理水患，带领人们日夜劳作，三过家门而不入，终于将水患治理好. 当一天禹在河边巡视的时候，一匹麒麟从水中跳出献出《河图》，然后一只神龟驮着《洛书》也献给了禹(见图 2-1).

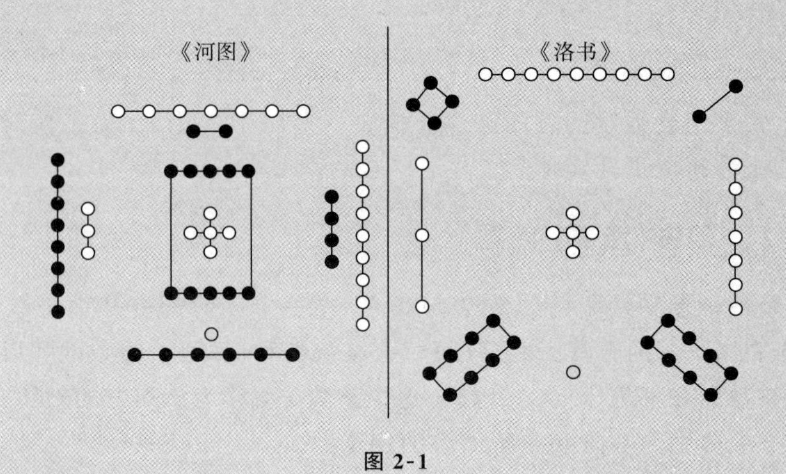

图 2-1

请仔细观察图 2-1 中的《洛书》，其中 ○ 表示奇数的 1 点；● 表示偶数的 1 点. 这个《洛书》就是一个 3 阶幻方.

幻方现在已经开始了 3 维情况下的研究. 这个被称为 n 阶幻方体(magic cube). 由整数 $1,2,3,\cdots,n^3$ 组成的 $n\times n\times n$ 的立方体阵列，其平行于立方体任意一条边的直线、每个截面上的两条对角线、4 条空间对角线上的元素的和 s 都是相同的，且 $s = \frac{n^4+n}{4}$.

2.1.3 四色问题(地图着色问题)

四色问题是世界三大数学猜想之一.四色定理是一个著名的数学定理,通俗的说法是:每个平面地图都可以只用四种颜色来染色,而且没有两个邻接的区域颜色相同.

考虑一张平面地图或在一个球面上的地图,地图上的国家都是连通的区域.为了能够较快地区分出国家来,就需要对有共同边界的不同国家着以不同的颜色加以区分(角点处不算共同边界).那么最少需要多少种颜色才能够完成这一目标呢?这一问题由 Francis Guthrie 在 1850 年提出.

直到1976年,Appel和Haken在美国伊利诺斯大学的两台不同的电子计算机上,用了1200个小时,作了100亿个分离的逻辑判断,结果没有一张地图是需要五色的,最终证明了四色定理,轰动了世界.

例 2-4

图 2-2 所示为一副四色着色的世界地图

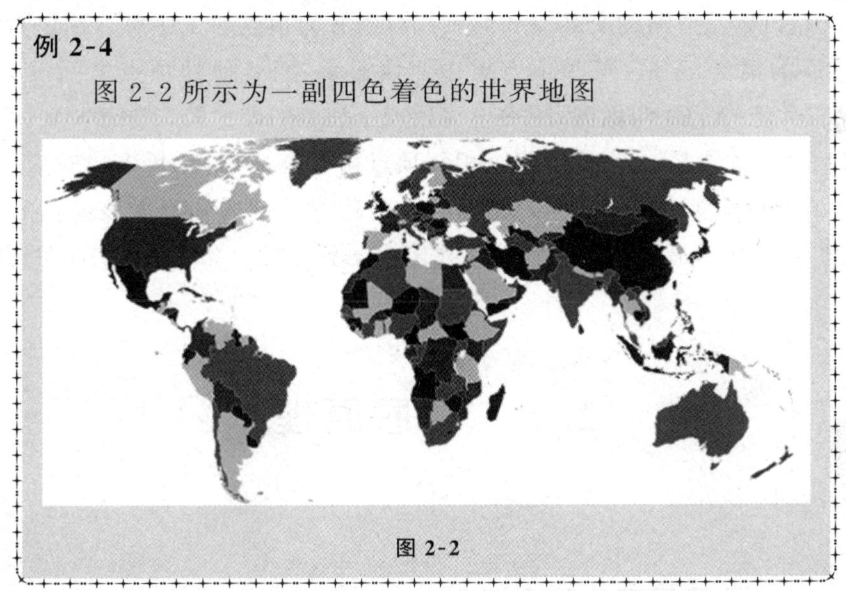

图 2-2

2.1.4 最短路径问题

目前最短路径问题在网络优化、物流配送、交通线路规划等方面的应用非常广泛.将具体问题考虑成一个由道路和路口组成的系统.从路口 A 到路口 B 存在若干通路;现在需要确定一条通路使得从 A 到 B 的总距离最短.

解决这一问题的一种方法是,列出所有从 A 到 B 的可行路径,并计算出所有可行路径的距离,并从中选择一条最短的路径.显然,这是一种非常烦琐的计算方式,而且对于稍大的路径系统是根本无法在合理的时间内给出答案的.

例 2-5

图 2-3 中有 6 个顶点和 10 条边. 标在边上的数表示相应边的长度. 其中，联结 x 和 y 的最短路径是“x, b, d, y”其长度为 3.

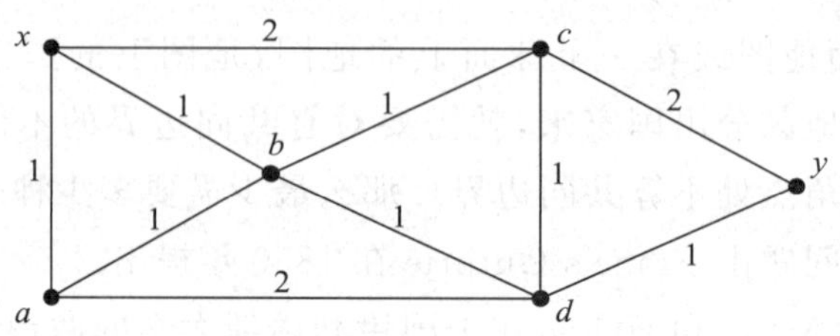

图 2-3

对于最短路径问题的数学描述如下. 令 X 为称做顶点的对象的有限集(顶点对应交叉路口以及道路的交叉口和终点)，而令 E 为顶点的无序对并称之为边(边对应道路) 的集合. 于是，某些顶点被边连接起来，而其他的顶点之间没有边连接. 有序二元组(X,E) 叫做图. 图中连接顶点 x 和 y 的即途径，其中的第一个顶点是 x，最后一个顶点是 y，而任意两个相邻顶点由一条边连接. 每条边对应一个非负实数(该边的长度). 连接途径的相邻顶点的边的长度的和称做该途径的长. 给定两个顶点 x 和 y，最短路径问题就是找出从 x 到 y 的一条具有最小长的途径.

2.2 抽屉原理

2.2.1 抽屉原理的基本概念

抽屉原理的形式如下：

定理 2.1 如果 $n+1$ 个物体被放进 n 个盒子(抽屉)之中，那么至少有一个盒子包含两个或更多的物体.

证 如果这 n 个盒子中的每一个都至多含有一个物体，那么物体的总数量最多是 n. 既然现在有 $n+1$ 个物体，那么某个盒子必然包含至少两个物体.

证毕

抽屉原理也被称为鸽巢原理或 Dirichlet 原理. 抽屉原理十分简单，而且其原理本身对于找出含有两个或更多个物体的盒子没有任何帮助.抽屉原理只是简单地断言如果依次检查所有的盒子,那么我们必然会发现有两个或更多的物体放在一个盒子里.

还要注意,抽屉原理的结论不能被推广到只存在 n 个或更少物体的情形;它所能确定的是在 n 个盒子中无论如何放置 $n+1$ 个物体,总不能避免把两个物体放到同一个盒子中去.同样,可以推导出若用 n 种颜色来对 $n+1$ 个物品上色,那么必然会有两个物品的颜色一样.

例 2-6

若现在有 13 个人,那么至少会有两个是同一月份出生的.

应用抽屉原理,我们知道例 2-6 中例子的表述是正确的.

例 2-7

设一群由 n 对夫妇所组成的人群.若要保证有一对夫妇被选出,那么至少需要从这 $2n$ 个人中选出多少人?

为了在这种情形下应用抽屉原理,首先考虑 n 个盒子,其中一个盒子对应一对夫妇(这里称这个盒子为“夫妇盒子”).如果选择 $n+1$ 个人并把他们中的每个人都放到对应的“夫妇盒子”中去,那么至少会在一个“夫妇盒子”中出现两个人,也就是说已经选择出了一对夫妇.也可以换个思路,有 n 对夫妇,那么就表明有 n 个丈夫和 n 个妻子.首先将 n 个丈夫全部选出来,那么选第 $n+1$ 个人的时候必然是妻子了,而且必然是前面所选出的 n 个丈夫中的某位的妻子.也就是说,$n+1$ 是保证能够选出一对夫妇的最小人数.

例 2-8

若 n 是一个正整数,则在集合 $\{1,2,\cdots,2n\}$ 中任意取出 $n+1$,个整数出来,一定存在两个整数,其中一个整数能整除另外一个整数.

我们知道,任意一个整数 m,都可以写成 $2^k\times l$.其中 k 是非负整数,而 l 是正的奇数.而大于等于 1 又小于等于 $2n$ 的奇数只有 n 个,由于取出的是 $n+1$ 个数,这 $n+1$ 个数都写成 $2^k\times l$ 的形式后,至少有两个数所对应的奇数 l 是相同的,而对应的 k 都是非负整数,所以对应于 k 值较小的那个整数可以整除 k 值较大的那个整数.

例 2-9

若有两组正整数，其中每一组中的所有数都小于 n（n 是一充分大的正整数），假设每一组中的数都是互不相同的，并且这两组数的总个数大于等于 n. 那么一定可以从每组中各取一数，使得它们的和正好等于 n.

对于例 2-9，可以设这两组数分别是：$a_1, a_2, \cdots, a_k$ 与 $b_1, b_2, \cdots, b_l$. 由于这两组数都是不同的正整数，所以可以设 $1 \leqslant a_1 < a_2 < \cdots < a_k < n$；$1 \leqslant b_1 < b_2 < \cdots < b_k < n$.

令 $c_1 = n - a_i$，其中 $1 \leqslant i \leqslant k$，则由 a_i 是不相同的，以及 $a_i < n$ 而有 $n > c_1 > c_2 > \cdots > c_k \geqslant 1$. 考察正整数 $b_1, b_2, \cdots, b_l$ 及 $c_1, c_2, \cdots, c_k$. 由于总个数 $\geqslant n$，即 $1 + k \geqslant n$，又由于 $b_1, b_2, \cdots, b_l$ 与 $c_1, c_2, \cdots, c_k$ 都 $\geqslant 1$ 且又 $\leqslant n-1$. 若将 $b_1, b_2, \cdots, b_l$ 与 $c_1, c_2, \cdots, c_k$ 看成 $l+k$ 个物体，而把 $1, 2, \cdots, n-1$ 看成 $n-1$ 个盒子，由于 $1+k \geqslant n$，所以至少应有两个物体在同一个盒子之中，即有两个数相等. 但由于 $b_1, b_2, \cdots, b_l$ 与 $c_1, c_2, \cdots, c_k$ 都各自不相等，所以落在盒子里的数 $b_i (i = 1, 2, \cdots, l)$ 和 $c_j (j = 1, 2, \cdots, k)$ 分别来自不同的数组，所以必定某个盒子中的 b_i 和 c_j 相等，即有 $b_i = c_j = n - a_j$，整理后可得 $b_i + a_j = n$.

例 2-10

（中国剩余定理）令 m 和 n 为两个互质（两个数的公因数只有 1）的正整数，并令 a 和 b 为两个整数，$0 \leqslant a \leqslant m-1$ 且 $0 \leqslant b \leqslant n-1$. 于是存在一个正整数 x，使得 x 除以 m 的余数为 a，并且 x 除以 n 的余数为 b；即 x 可以表示为 $x = pm + a$，且 $x = qn + b$ 的形式，这里，p 和 q 是两个整数.

为了证明这个结论，先考虑 n 个整数：

$$a, m+a, 2m+a, \cdots, (n-1)m+a$$

这些整数中的每一个除以 m 都余 a. 设其中的两个除以 n 有相同的余数 r. 令这两个数为 $im + a$ 和 $jm + a$，其中 $0 \leqslant i < j \leqslant n-1$. 因此，存在两个整数 q_i 和 q_j 使得

$$im + a = q_i n + r$$

及

$$jm + a = q_j n + r$$

用后面的方程减去前面的方程，得到

$$(j-i)m=(q_j-q_i)n$$

由上面的方程可知 n 是 $(j-i)m$ 的一个因子. 由于 n 和 m 没有除 1 之外的公因数,因此 n 必然是 $j-i$ 的因子. 然而,有 $0\leqslant i<j\leqslant n-1$ 则 $0\leqslant(j-i)\leqslant n-1$,这也就意味着 n 不可能是 $j-i$ 的因子. 两个结果相互矛盾!

这个矛盾产生于之前的假设:n 个整数 $a,m+a,2m+a,\cdots,(n-1)m+a$ 中有两个除以 n 有相同的余数 r. 因此这里可以断言这 n 个数中的每一个数除以 n 都有不同的余数. 根据抽屉原理:n 个数 $0,1,2,\cdots,n-1$ 中的每一个数作为余数都要出现;特别是数 b 也一定会出现. 令 p 为整数,且满足 $0\leqslant p\leqslant n-1$,使得 $x=pm+a$ 除以 n 的余数为 b,则对于某个适当的 q 有

$$x=qn+b$$

因此,$x=pm+a$ 且 $x=qn+b$,从而得到了具有所要求性质的 x.

2.2.2 抽屉原理的一般形式

我们可以将抽屉原理扩充为更普遍的情形,这里称为抽屉原理的一般形式.

由以上分析可知,如果有 $2n+1$ 个物体放到 n 个盒子中去,则至少有一个盒子有 3 个或 3 个以上的物体;如果有 $3n+1$ 个物体放到 n 个盒子中去,则至少有一个盒子有 4 个或 4 个以上的物体;以此类推……;因此我们有抽屉原理的一般形式.

抽屉原理 若将 m 个物体放到 n 个盒子里去,则至少一个盒子含有 $\left(\frac{n-1}{n}\right)+1$ 个物体. 其中,$\left(\frac{m-1}{n}\right)$ 表示不超过 $\frac{m-1}{n}$ 的最大整数(向下取整).

证 小于 m 的 n 的最大倍数是由 $\frac{m-1}{n}$ 减去其分数部分所得的整数,这就是 $\left(\frac{m-1}{n}\right)$. 如果不存在一个含有 $\left(\frac{m-1}{n}\right)+1$ 个物体的盒子,则每个盒子中物体最多是 $\left(\frac{m-1}{n}\right)$,而盒子的总数为 n 个,所以物体总数为

$$n\times\left(\frac{m-1}{n}\right)\leqslant n\times\frac{m-1}{n}=m-1<m$$

这与已知的 m 个物体矛盾,所以至少有一个盒子中的物体数量是 $\frac{m-1}{n}+1$ 个或更多个.

证毕

在初等数学中,抽屉原理的一般形式也被表示为以下四种形式:

(1) 如果有 $n(4-1)+1$ 个物体放入 n 个盒子中，那么至少有一个盒子含有 r 个或更多个物体.

(2) 如果 n 个非负整数 $m_1,m_2,\cdots,m_n$ 的平均数大于 $r-1$，即

$$\frac{m_1+m_2+\cdots+m_n}{n}>r-1$$

那么至少有一个整数大于或等于 r.

这两种表述之间的联系可以通过取 $n(r-1)+1$ 个物体并将它们放入 n 个盒子中得到. 对于 $i=1,2,\cdots,n$，令 m_i 是第 i 个盒子中物体的数量，则这 n 个数 $m_1,m_2,\cdots,m_n$ 的平均数为

$$\frac{m_1+m_2+\cdots+m_n}{n}=\frac{n(r-1)+1}{n}=(r-1)+\frac{1}{n}$$

由于这个平均数大于 $r-1$，故有一个整数 m_i 至少是 r. 也就是说，盒子中至少有一个盒子含有 r 个物体.

(3) 如果 n 个非负整数 $m_1,m_2,\cdots,m_n$ 的平均数小于 $r+1$，即

$$\frac{m_1+m_2+\cdots+m_n}{n}<r+1$$

那么至少有一个整数小于 $r+1$.

(4) 如果 n 个非负整数 $m_1,m_2,\cdots,m_n$ 的平均数至少等于 r，wcb

$$\frac{m_1+m_2+\cdots+m_n}{n}\geqslant r$$

那么这 n 个整数 $m_1,m_2,\cdots,m_n$ 中至少有一个满足 $m_i\geqslant r$.

例 2-111

一个篮子中装有 3 种水果：苹果，香蕉，桔子. 为了保证篮子内至少有 8 个苹果，或者至少有 6 根香蕉，或者至少有 9 个桔子；则放入篮子中水果的最少数量是多少？

由抽屉原理的一般形式可知，无论如何选择，$(8-1)+(6-1)+(9-1)+1$ 是保证篮子中能够满足“至少有 8 个苹果，或者至少有 6 根香蕉，或者至少 9 个桔子”要求的最低数量，而 20 个水果则不能满足要求.

例 2-12

两个碟子，其中一大一小，它们均被分成 200 个相等的扇形. 在大碟子中任选 100 个扇形并涂成红色；而其余的 100 个扇形则被涂成蓝色. 在小碟子中，每一个扇形可以任意涂成红色或蓝色，且涂成红色和涂成蓝色的扇形数目没有限制. 然后，将小碟子放到大碟子上面并使得两个碟子的中心重合. 那么将两个碟子的扇形对齐后，可以看到颜色相同且扇形重合的数量至少是 100 个.

为了分析这个问题，可以先将大碟子固定，那么就会有 200 个可能的扇形位置可以使得小碟子的扇形可以重合. 首先数一下两个碟子重合的 200 个扇形中颜色匹配的扇形总数，由于大碟子中红、蓝两种颜色都是 100 个，因此小碟子的每个扇形在颜色上匹配大碟子的对应扇形恰好是 200 个可能位置中的 100 个. 于是，在所有的位置上，颜色匹配的总数等于小碟子上的扇形数乘以 100，其结果为 20 000. 因此，每一个位置上的平均颜色匹配数是 $20000 \div 200$. 从而必然在任意位置上匹配的颜色数量为 100.

例 2-13

给定一个由任意 n^2+1 个不同实数所构成的数列 $a_1, a_2, \cdots, a_{n^2+1}$，则一定存在一个由 $n+1$ 个项所构成的递增子序列，或由 $n+1$ 个项所构成的递减子序列.

首先应明确子序列的概念. 如果 $b_1, b_2, \cdots, b_m$ 是一个序列，那么 $b_{i_1}, b_{i_2}, \cdots, b_{i_k}$ 则是一个子序列，其中，$1 \leqslant i_1 \leqslant i_2 \leqslant \cdots \leqslant i_k \leqslant m$. 例如：$b_2, b_4, b_5, b_6$ 是 $b_1, b_2, \cdots, b_9$ 的子序列，但 b_2, b_5, b_4 则不是.

子序列 $b_{i_1}, b_{i_2}, \cdots, b_{i_k}$ 若满足 $b_{i_1} \leqslant b_{i_2} \leqslant \cdots \leqslant b_{i_k}$，则称该序列为递增的；若满足 $b_{i_1} \geqslant b_{i_2} \geqslant \cdots \geqslant b_{i_k}$，则称该序列为递减的.

对于例 2-13，先假设不存在长度为 $n+1$ 的递增序列，证明一定存在一个长度为 $n+1$ 的递减序列. 对于每个 $k=1,2,\cdots,n^2+1$，令 m_k 为最长的递增子序列的长度，该子序列从 a_k 开始. 设对于每一个 $k=1,2,\cdots,n^2+1$，有 $m_k \leqslant n$，使得不存在长度为 $n+1$ 的递增子序列. 由于 $m_k \geqslant 1$ 对每一个 $k=1,2,\cdots,n^2+1$ 都成立，因此数 $m_1, m_2, \cdots, m_{n^2+1}$ 是 1 和 n 之间的 n^2 个整数. 由抽屉原理的一般形式可知，数 $m_1, m_2, \cdots, m_{n^2+1}$ 中有 $n+1$ 个是相等的.

令
$$m_{k_1} = m_{k_2} = \cdots = m_{k_{n+1}}$$

其中 $1 \leqslant k_1 < k_2 < \cdots < k_{n+1} \leqslant n^2 + 1$.

设对于某个 $i = 1,2,\cdots,n$,有 $a_{k_i} < a_{k_{i+1}}$. 于是,由 $k_i < k_{i+1}$,可以做成一个从 $a_{k_{i+1}}$ 开始的最长的递增子序列.我们可以将 a_{k_i} 放在该序列的前面而得到一个从 a_{k_i} 开始的递增子序列.但这意味着 $m_{k_i} > m_{k_{i+1}}$,因此可以断言 $a_{k_i} \geqslant a_{k_{i+1}}$. 由于这对每一个 $i = 1,2,\cdots,n$ 均成立,因此又可以得到

$$a_{k_1} \geqslant a_{k_2} \geqslant \cdots \geqslant a_{k_{n+1}}$$

从而可以确定,$a_{k_1}, a_{k_2}, \cdots, a_{k_{n+1}}$ 是一个长度为 $n+1$ 的递减序列.

2.3 * Ramsey 定理

Ramsey 定理是抽屉原理的一个深刻而又重要的推广,它是以英国逻辑学家 Frank Ramsey 的名字所命名的定理.

定理 2.2 由 6 个人组成的一群人中,一定有 3 个(或 3 个以上的) 人互相都认识,或者有 3 个(或 3 个以上的) 人互相不认识.

证 在这 6 个人中任意固定 1 个人,并用字母 A 来代表这个人,而把其余的 5 个人分成两类:第一类是与 A 认识的人群,使用记号 F 来代表这一类人群;第二类是与 A 不认识的人群,用记号 S 来表示第二类人群.这样,便把其余 5 个人分成了 F 和 S 这两类人群了.

根据抽屉原理,至少有一类包含 3 个(或 3 个以上的) 人,这是由 $\left(\frac{5-1}{2}\right)+1$ 所得到的.如果 F 中有 3 个(或 3 个以上的) 人,则这群人可能是互相都不认识的,也有可能有 2 个(或 2 个以上的) 人互相认识.

若 F 中有 3 个(或 3 个以上的) 人都相互不认识,则本定理成立;若 F 中有 2 个互相认识,那么再将 A 考虑到 F 中去,则可以通过前面的分类知道 A 与这 2 个人必然是互相认识的,所以在 F 中就有 3 个人是互相认识的,所以本定理成立.

同理,若 S 中有 3 个(或 3 个以上的) 人都相互认识,则本定理成立;若 S 中有 2 个互相不认识,那么再将 A 考虑到 S 中去,则可以通过前面的分类知道 A 与这 2 个人必然是互相不认识的,所以在 S 中就有 3 个人是互相不认识的,所以本定理成立.

证毕

可以将该定理抽象地公式化为.

$$K_6 \to K_3, K_3$$

上式读作 K_6 箭指 K_3, K_3，这代表什么意思呢?首先，用 K_6 代表6个物体和由它们配成的全部15对(无序的)对的集合. 通常，用 K_n 表示 n 个物体和这些物体中所有的由每两个物体配成的对. 对 $K_n, n = 1,2,3,4,5,6$ 的解释如图 2-4 所示.

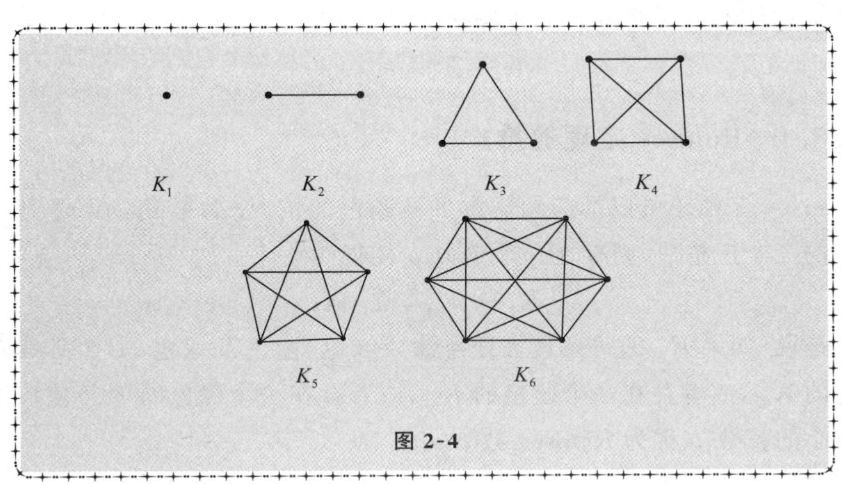

图 2-4

这里可以采用给边涂色的方式来区分 2 个人之间是否认识. 如涂成红色表示 2 人互相认识，涂成蓝色表示 2 人互相不认识. 由此可以通过图像中不同颜色的边来分辨任意 2 人之间是认识还是不认识. 现在互相认识的 3 个人即为一个 K_3，这个 K_3 的每条边都被涂成了红色，记作红色 K_3. 类似地，互相不认识的 3 个人也为一个 K_3，这个 K_3 的每条边都被涂成了蓝色，记作蓝色 K_3.

那么，表达式 $K_6 \to K_3, K_3$ 是一个结论：无论 K_6 的边用红色和蓝色如何去涂，总有一个红色 K_3 或蓝色 K_3，简而言之，总会出现一个单色 K_3. 由此，Ramsey 定理可叙述为：

如果 $m \geqslant 2$ 及 $n \geqslant 2$ 是两个整数，则存在一个正整数 p 使得

$$K_p \to K_m, K_n$$

这表示，给定 m 和 n，存在一个正整数 p，使得如果 K_p 的边被涂成红色或蓝色，那么或者有一个红色的 K_m，或者有一个蓝色的 K_n. 无论 K_p 的边如何着色，一定会出现红色 K_m 或蓝色 K_n.

若有 $K_p \to K_m, K_n$，那么对任何 $q \geqslant p$，$K_q \to K_m, K_n$ 成立. Ramsey 数 $r(m, n)$ 是使得 $K_p \to K_m, K_n$ 成立的最小的整数 p. Ramsey 定理则断言了数 $r(m,n)$ 的存在性. 由定理 2.2 已经证明 $r(3,3) = 6$.

可以确定 $r(2,n)$ 和 $r(m,2)$. 下面来看 $r(2,n) = n$：

(1) $r(2,n) \leqslant n$，实际上，若把 K_n 的边涂成红色或蓝色，那么将发现 K_n 的某

条边是红色的(已经得到了一个红色的 K_2),或者 K_n 所有的边都是蓝色的.

(2)$r(2,n) > n$,事实上,若将 k_{n-1} 的边都涂成蓝色,那么既得不到红色的 K_2,也得不到蓝色的 K_n.

用类似的方法可以证明 $r(m,2) = m$. 这些数称为**平凡的** Ramsey **数**. 一般可以通过交换红色和蓝色的位置得到,即

$$r(m,n) = r(n,m)$$

2.3.1 Ramsey 定理的推广

Ramsey 定理还可以推广到任意多种颜色的情况. 如果 n_1,n_2,n_3 是大于或等于 2 的三个正整数,则存在一个整数 p 使得

$$K_p \to K_{n_1},K_{n_2},K_{n_3}$$

就是说,如果 K_p 的每条边被任意涂成红色、蓝色及绿色,那么必然存在一个红色的 K_{n_1},或者存在一个蓝色的 K_{n_2},或者存在一个绿色的 K_{n_3}. 使该结论成立的最小的整数 p 称为 Ramsey 数 $r(n_1,n_2,n_3)$.

2.3.2 Ramsey 定理的一般形式

Ramsey 定理的一般形式,在一般形式中点对(两个元素的子集)由 t 个元素的子集代替,其中 $t \geqslant 1$,为某个整数.

令 K_n^t,表示 n 个元素的集合中所有的 t 个元素的子集的集合. 给定整数 $t \geqslant 2$ 及整数 $q_1,q_2,\cdots,q_k \geqslant t$,存在一个整数 p 使得

$$K_p^t \to K_{q_1}^t,K_{q_2}^t,\cdots,K_{q_k}^t$$

也就是意味着存在一个整数 p 使得,如果将 p 元素集合中的每一个 t 元素子集指定 k 中颜色 $c_1,c_2,\cdots,c_k$ 中的一种,那么或者存在 q_1 个元素,这些元素的所有 t 元素子集都被指定颜色 c_1,或者存在 q_2 个元素,这些元素的所有 t 元素子集都被指定颜色 c_2,……,或者存在 q_k 个元素,这些元素的所有 t 元素子集都被指定颜色 c_k. 最小的整数 p 则为 Ramsey 数:

$$r_t(q_1,q_2,\cdots,q_k)$$

设 $t=1$,于是,$r_1(q_1,q_2,\cdots,q_k)$ 就是最小的数 p,它满足如果 p 个元素集合的元素用颜色 $c_1,c_2,\cdots,c_k$ 中的任意颜色涂色,那么或者存在 q_1 个涂成颜色 c_1 的元素,或者存在 q_2 个涂成颜色 c_2 的元素,……,或者存在 q_k 个涂成颜色 c_k 的元素. 因此,由抽屉原理可得

$$r_1(q_1,q_2,\cdots,q_k) = q_1 + q_2 + \cdots + q_k - k - 1$$

且这里的 $q_1,q_2,\cdots,q_k$ 的顺序不影响 Ramsey 数的值.

2.4 排列与组合

人们把所研究的对象叫做元素，把某些元素的总体叫做集合，在一般情况下，用大写字母 $A,B,C,D,\cdots$ 来表示集合，而用小写字母 $a,b,c,d,\cdots$ 来表示元素.

定义 2.1 集合 A 的一个排列是集合 A 中元素的一个有序选出，当 R 是对排列的限制条件时，则把这样的排列叫做 $R-$ 排列.

常见的排列有以下两种形式：

(1) 从 n 个各不相同的元素中，每次取出 m 个全部不相同的元素进行排列. 这种排列称为**相异元素不重复的排列**. 其中，$0 \leqslant m \leqslant n$.

(2) 从 n 个各不相同的元素中，每次取出 m 个元素(可以重复)进行排列. 这种排列称为**相异元素可重复的排列**.

例 2-14

给定 3 个字母 a,b,c，那么不重复的排列会有多少种？

解

根据题目的要求，不重复的排列共有 6 种，分别为：

$$abc\,,acb\,,bac\,,bca\,,cab\,,cba$$

再来看下面的例子.

例 2-15

给定5个字母 a,b,c,d,e，从中每次取出2个字母的所有不同的排列，并要求：

(1) 不允许重复，有多少种排列？

(2) 允许重复，有多少种排列？

解

(1) 不允许重复的排列如下：

$ab \quad ac \quad ad \quad ae$

$ba \quad bc \quad bd \quad be$

$ca \quad cb \quad cd \quad ce$

$da \quad db \quad dc \quad de$

$ea \quad eb \quad ec \quad ed$

共有 20 种不同的不重复排列.

(2) 允许重复的排列如下

$aa \quad ab \quad ac \quad ad \quad ae$

$ba \quad bb \quad bc \quad bd \quad be$

$ca \quad cb \quad cc \quad cd \quad ce$

$da \quad db \quad dc \quad dd \quad de$

$ea \quad eb \quad ec \quad ed \quad ee$

共有 25 种不同的可重复排列.

研究排列问题的主要目的是求出根据已知的条件所能作出的不同的排列的种数.对于一些比较简单的排列问题,可以采用上述例子中的方法,将所有不同的排列全部列举出来,并计算它们的数量,以得到答案.显然,这是一种非常烦琐的方法.为了找出一种简单且能够直接求出排列种数的方法,提出了四种直观且有力的原理.

2.4.1 四个基本的计数原理

集合 S 的一个划分即为 S 的子集的集合 $S_1, S_2, \cdots, S_m$.使得 S 的每一个元素恰好是这些子集之一的元素:

$$S = S_1 \cup S_2 \cup \cdots \cup S_m \quad (i \neq j)$$
$$S_i \cap S_j = \varnothing$$

子集 $S_1, S_2, \cdots, S_m$ 称为该划分的部分.需要注意的是,划分的一个部分可以是空的.集合 S 的元素个数表示为 $|S|$,也可以被称为 S 的大小.

1. 加法原理

设集合 S 划分为部分 $S_1, S_2, \cdots, S_m$,则 S 的元素的个数可以通过找出每一个部分的元素的个数来确定,把这些数相加,得到

$$|S| = |S_1| + |S_2| + \cdots + |S_m|$$

在应用加法原理时,通常先要描述性地定义部分.换句话说,把问题分成互

相排斥的若干情形，而这些情形包括了所有的可能. 应用加法原理的技巧就在于把要被计数的集合 S 划分成“容易处理的部分”，即划分成能够容易计数的部分. 但是也不能把集合 S 划分成太多部分，例如，把 S 划分成每个部分只含有一个元素的话，那么就会使得问题反而变得更为复杂了；因此，应用加法原理的技巧在于把集合 S 划分成“易于处理且数量不太多的部分”.

例 2-16

从上海出发向北走一共有 15 条道路，而从上海出发向南走一共有 34 条道路. 那么离开上海的道路一共有 49 条.

加法原理的选择术语描述为：如果有 p 种方法能够从一堆中选择1个物体，而有 q 种方法也能够从另外一堆中选择 1 个物体，那么从这两堆中选择 1 个物体的方法一共有 $p+q$ 种.

例 2-17

学院开设有 4 门数学课程和 5 门英语课程，若一名学生想选修一门数学或一门英语课程，但不两者都选. 那么该生可以有 9 种方法来选择一门课程.

2. 乘法原理

令 S 是元素的序偶 (a,b) 的集合，其中第一个元素 a 来自大小为 p 的一个集合，而对于 a 的每个选择，元素 b 存在着 q 种选择. 那么，S 的大小为

$$|S| = p \times q$$

乘法原理是加法原理的一个推论. 令 $a_1, a_2, \cdots, a_p$ 是对元素 a 的 p 种不同的选择，将 S 划分成部分 $S_1, S_2, \cdots, S_p$，其中 S_i 是 S 内第一个元素为 $a_i(i=1,2,,\cdots,p)$ 的序偶的集合. 每个 S_i 的大小为 q，因此由加法原理有

$$\begin{aligned} |S| &= |S_1| + |S_2| + \cdots + |S_p| \\ &= q_1 + q_2 + \cdots + q_p \\ &= p \times q \end{aligned}$$

乘法原理的第二种形式是：如果第一项有 p 个结果，而不论第一项任务的结果如何，第二项任务都有 q 个结果，那么，这两项任务连续执行就有 $p \times q$ 个结果.

例 2-18

北京(B)到长沙(C)一共有 3 条路径可以走;长沙到广州(G)有 5 条路径可以走,试问从北京经过长沙再到广州,可以有几种不同的走法?

解

根据已知条件画出路径示意图,如图 2-5 所示.

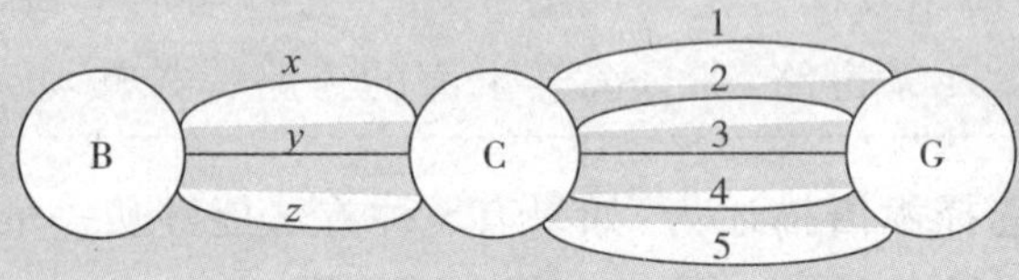

图 2-5

从北京经过长沙再到广州共有 $3\times5=15$ 种不同的走法.这 15 种不同的走法分别为:

$x1\quad x2\quad x3\quad x4\quad x5$

$y1\quad y2\quad y3\quad y4\quad y5$

$z1\quad z2\quad z3\quad z4\quad z5$

对于乘法原理可以推广到 3 个或 3 个以上(有限个)集合的情形.

例 2-19

生产一支粉笔可以有 3 种不同的长度、8 种不同的颜色、4 种不同的直径.那么有多少种不同类型的粉笔?

解

为了生产一支粉笔,需要确定 3 个不同的任务:选择长度,选择颜色,选择直径.由乘法原理可知,共有 $3\times8\times4=96$ 种不同类型的粉笔.

我们再来看下面的例子.

例 2-20

从5位男士、6位女士、2位男孩、4位女孩中选择1位男士、1位女士、1位男孩、1位女孩的方法共有多少种？

解

选择方法共有 $5 \times 6 \times 2 \times 4 = 240$ 种.

我们再来看下面的例子.

例 2-21

确定数 $3^4 \times 5^2 \times 11^7 \times 13^8$ 的正整数因子的个数.

解

数3、5、11和13均为质数.根据数学基本定理，每个因子都有 $3^i \times 5^j \times 11^k \times 13^l$ 的形式，其中 $0 \leqslant i \leqslant 4, 0 \leqslant j \leqslant 2, 0 \leqslant k \leqslant 7, 0 \leqslant l \leqslant 8$. 所以 i 有5种选择，j 有3种选择，k 有8种选择，l 有9种选择.所以由乘法原理，因子的总数为：$5 \times 3 \times 8 \times 9 = 1080$ 个

在乘法原理中，元素 b 的 q 种选择可以随着 a 的选择而变化.唯一的要求是选择的个数是相同的 q 个，而不必是相同的选择.

例 2-22

两位数字中有多少个两位互不相同且不为零的两位数？

解

一个两位数 ab 可以看做是一个序偶 (a,b)，其中 a 为十位数字，b 为个位数字.这两个数字要求都不能为0，而且这两位数字还要互不相同.因此 a 有9种选择，即 $(1,2,\cdots,9)$. 一旦确定 a，对于 b 就只能有8种选择.例如 $a = 1$，那么 b 的选择就只能是2、3、4、5、6、7、8、9中的一种，同样如果 $a = 5$，那么 b 的选择就只能是1、2、3、4、6、7、8、9中的一种.

所以，根据乘法原理，两位互不相同且不为零的两位数为 $9 \times 8 = 72$ 个.

对于上面的例子还可以用其他方法来得到答案.

例 2-23

两位数字中有多少个两位互不相同且不为零的两位数?

解

我们知道两位数共有 90 个,分别为:10,11,…,98,99. 在这些数中,9 个包含"0",即:10,20,…,80,90;还有 9 个是两位相等的,即:11,22,…,88,99. 因此两位互不相同且不为零的两位数为 $90-9-9=72$ 个.

通过上面的例子可知为了求出集合 A 的元素个数(例子中是求"两位互不相同且不为零的两位数"的个数),可以先求出包含 A 在内的更大的集合 U(该集合为所有两位数字的集合)的元素个数,然后再减去 U 中不属于 A 的元素(包含"0"和数字相同的两位数字)的个数. 由此得到了第三个原理 —— 减法原理.

3. 减法原理

令 A 是一个集合,而 U 是包含 A 的更大的集合.

设 $\overline{A}=\{x\in U:x\notin A\}$ 是 A 在 U 中的补集. 那么 A 中的元素个数 $|A|$ 可由下列法则给出:

$$|A|=|U|-|\overline{A}|$$

在应用减法原理时,集合 U 通常是某个自然的集合,包含讨论中所有的元素(即泛集). 只有当对 U 中元素计数和对 $\overline{A}$ 中元素计数比对 A 中元素计数简单时,使用减法原理才有意义.

例 2-24

计算机密码是由"0,1,2,…,9"和小写字母"$a,b,c,\cdots,z$"所任意组合的 6 个字符的字符串组成. 那么具有重复字符的计算机密码共有多少种?

解

要得到具有重复字符的计算机密码集合 A 中的元素个数. 可以令 U 是所有计算机密码的集合. 取 A 在 U 中的补集,那么可以得到无重复字符的集合 $\overline{A}$. 所以用 U 减去 $\overline{A}$ 就可以得到 A 了.

因

$$|U| = (10+26)^6 = 2\ 176\ 782\ 336$$

及

$$|\overline{A}| = 36 \times 35 \times 34 \times 33 \times 32 \times 31 = 14\ 024\ 102\ 40$$

所以

$$|A| = |U| - |\overline{A}| = 774\ 372\ 396$$

具有重复字符的计算机密码共有 774 372 096 种.

4. 除法原理

令 S 是一个有限集,它以下述方式被分成 k 部分:每一个部分包含相同数目的元素.此时,划分中部分的数目由下述公式给出:

$$k = \frac{|S|}{p}$$

其中,p 是在一个部分中的元素的个数.

显然,若知道 S 中元素的个数及各部分所含元素的相同的个数,则可以确定部分的数目.如将 750 封信件放到抽屉中;每个抽屉放置 5 封信件,那么抽屉的数目为 $750 \div 5 = 250$ 个.

例 2-25

为探望老师准备了一篮子水果,在水果店里有 6 个橘子和 9 个苹果.若不允许出现空篮子(即至少有一个水果),则有可能装配成多少种不同的水果篮子?

解

首先,要忽略篮子不能为空的要求.后面再将这个要求考虑进去.

一篮子水果的区别在于篮子内橘子和苹果的数量(橘子之间没有区别,苹果之间没有区别).那么橘子的选择数量为(0,1,2,…,6),共 7 种;苹果的选择数量为(0,1,2,…,9),共 10 种.根据乘法原理,有 $7 \times 10 = 70$ 种可能的水果篮子的组合.再减去篮子为空的情况,那么可以得到 69 种不同的水果篮子.

对于例 2-25,若不忽略掉篮子为空的情形,那么对于苹果而言就会出现 9 种或 10 种可能的选择,这个要看橘子的数量是否为 0 来决定;因此就无法用乘法原理来解决了.这里可以通过将非空的篮子分成两类 S_1 和 S_2 来解决,其中 S_1 由没有橘子的水果篮子组成,S_1 的大小为9,即含有(1,2,…,9个苹果);S_2 的大小可以应用乘法原理得到 $6\times10=60$ 种水果篮子.然后将两类相加,由加法原理可以知道水果蓝子数为 $9+60=69$ 种.

在前面的例子中我们做了一个约定,即橘子和橘子之间、苹果和苹果之间是没有区别的.所以装一篮子水果的关键不是具体装了哪个橘子或苹果,而是它们的数量.如果对具体的水果之间加以区分(不同的大小、颜色等)的话,那么水果篮子的种类将会增加.

大量的计数问题将分数如下类型:

(1) 对元素的有序的摆放数或有序的选择数进行计数:

ⅰ 没有重复任何元素;

ⅱ 允许元素重复(但是有限个数的重复).

(2) 对元素的无序的摆放数或无序的选择数进行计数:

ⅰ 没有重复任何元素;

ⅱ 允许元素重复(但是有限个数的重复).

若对元素的有序的摆放数或有序的选择中考虑顺序的话,则称其为**排列**;若对元素的无序的摆放数或无序的选择不考虑顺序的话,则称其为**组合**.

有时候不是在元素的非重复和重复之间进行区分,而是从集合和多重集合中的选择来区分会更为方便.一个多重集合除了其元素不必区分之外,其他的就是一个普通集合(在笛卡儿法则中,元素在集合中不得重复,元素只能存在或不存在集合之中).如集合 $\{a,a,b\}$ 和集合 $\{a,b\}$ 在笛卡儿法则中是相同的集合,而在多重集合中则是两个不同的集合.

例 2-26

多重集 $M=\{a,a,a,b,c,c,d,d,d,d,\}$ 有10个元素,4种不同的类型:3个类型 a、1个类型 b、2个类型 c、4个类型 d.

这里也可以通过指定不同类型元素出现的次数来表示一个多重集.因此,M 也可以表示为 $\{3\cdot a,1\cdot b,2\cdot c,4\cdot d\}$.其中数3、1、2、4就是多重集 M 的重复数(普通集合就是重复数均为1的多重集).为了在各类元素出现次数没有限制的情况下仍然能够表述集合,还可以通过如 $\{\infty\cdot a,2\cdot b,\infty\cdot c,4\cdot d\}$ 的方式来表示多重集中元素 a 和 c 为无穷数.

下面我们将通过具体的例子来说明排列组合问题及其解决方法.

例 2-27

在数字 1000 和 9999 之间有多少个具有不同数字的奇数？

解

在1000和9999之间的任意一个数都是4位数，即是4个数字的一个有序组合. 因此，要做出 4 种选择：个位、十位、百位、千位上的数字. 前面明确了需要奇数，所以个位数字可以是 1，3，5，7，9 中的一种；十位和百位是 0，1，2，…，9 中的一种；而千位是 1，2，…，9 中的一种，但不可以是 0.

同时，因为要求 4 位数字具有不同数字. 所以，个位数的选择是 5 种，千位数字的选择是 8 种，百位上的选择是 8 种，十位上的选择是 7 种.

因此，一共具有 $5\times8\times8\times7=2240$ 个不同数字的奇数.

对于例 2-27 例子，若先选择千位，再选择百位、十位，最后选择个位数字的话就会非常难以解答这个问题. 因为个位上数字的选择要完全依赖于前面三位的选择，因此个位上的选择可能是 5 种、4 种、3 种或 2 种. 所以由此我们知道对于一个问题的解决用到“依赖于”，则乘法原理就不能使用. 如果任务的顺序可以改变，那么通过调整任务的执行顺序就可以使得问题更容易解决.

一条值得注意的经验法则是：**让最有约束性的选择条件优先.**

例 2-28

在 0 到 10 000 之间的数字中有多少个整数恰好有一位是“5”的.

解

令 S 为在 0 和 10 000 之间恰好有一位数字是“5”的整数的集合.

(1) 方法一：因为要求只有一位为“5”，可以将 S 划分为一位数的集合 S_1，两位数的集合 S_2，三位数的集合 S_3，四位数的集合 S_4. 唯一的五位数“10 000”显然不符合问题的要求. 于是有

对于 S_2 可以分成两类：第一种个位数字为“5”的，因为十位数不能为 0 或 5，所以共有 8 个数字；第二种十位数字为“5”的，因为个位数字不能为 5，所以共有 9 个数字. 因此

$$|S_2| = 8 + 9 = 17$$

以此类推,可以得到

$$|S_3| = (8 \times 9) + (8 \times 9) + (9 \times 9) = 225$$

及

$$\begin{aligned}|S_4| &= (8 \times 9 \times 9) + (8 \times 9 \times 9) + (8 \times 9 \times 9) \\ &\quad + (9 \times 9 \times 9) \\ &= 2673\end{aligned}$$

所以

$$|S| = |S_1| + |S_2| + |S_3| + |S_4| = 2916$$

(2) 方法二:通过添加前导零(如将 7 看做 0007,25 看做 0025,357 看做 0357),可以把 S 中的每个数都看成 4 位数. 现在就可以根据数字“5”在第 1 位、第 2 位、第 3 位还是第 4 位来将 S 划分成 S_1, S_2, S_3, S_4. 这 4 个集合都是相等的,因此只需要考虑一个即可,若第 1 位为数字“5”,那么第 2、第 3、第 4 位都有除“5”以外的 9 种选择,所以

$$|S_1| = |S_2| = |S_3| = |S_4| = 729$$

因此 $$|S| = 4 \times 729 = 2916$$

我们再来看下面的例子.

例 2-29

由数字 1,1,1,3,8 可以构造出多少个不同的 5 位数?

解

在这里需要计算多重集的排列数,该多重集有 3 个“1”类型的元素,1 个“3”类型的元素,1 个“8”类型的元素. 那么就意味着只要进行两种选择:哪个位置被“3”(5 种选择) 占据,哪个位置被“8”(4 种选择) 占据. 剩余的位置则由“1”所占据.

因此,1,1,1,3,8 可以构造出 $5 \times 4 = 20$ 个不同的 5 位数.

2.4.2 集合的排列

令 r 为正整数,把 n 个元素的集合 S 的一个 r－排列理解为 n 个元素中的 r 个元素的有序摆放. 如果 $S = \{a, b, c\}$,则 S 的 3 个 1－排列为

$$a \quad b \quad c$$

S 的 6 个 2－排列为

$$ab \quad ac \quad ba \quad bc \quad ca \quad cb$$

S 的 6 个 3－排列为

$$abc \quad acb \quad bac \quad bca \quad cab \quad cba$$

集合 S 没有 4－排列，这是因为 S 的元素个数小于 4.

通常用 $P(n,r)$ 表示 n 个元素集合的 r－排列的数目. 如果 $r>n$，则 $P(n,r)=0$. 显然，对每一个正整数 n，$P(n,1)=n$. 一个 n 元素集合 S 的一个 n－排列被简单地称为 S 的一个排列或 n 个元素的一个排列. 于是，集合 S 的一个排列就是以某种顺序列出 S 的所有元素.

定理 2.3 对于正整数 n 和 r，若 $r \leqslant n$，则有

$$P(n,r)=n\times(n-1)\times\cdots\times(n-r+1)$$

证明 在构建 n 元素集合的一个 r－排列时，可以用 n 种方法选择第一项，不论第一项如何选出，都可以用 $n-1$ 种方法选择第二项，……，以及不论前 $r-1$ 项如何选出，都可以用 $n-(r-1)$ 种方法选择第 r 项. 那么根据乘法原理，这 r 项可以用 $n\times(n-1)\times\cdots\times(n-r+1)$ 种方法选出.

证毕

初等数学中 $n!$ 读作 n 的阶乘，其数学定义为

$$n!=n\times(n-1)\times\cdots\times2\times1$$

且约定了 $0!=1$，于是可以写成

$$P(n,r)=\frac{n!}{(n-4)!}$$

对于上面的 $n\geqslant0$，我们定义 $P(n,0)=1$，而这与 $r=0$ 时的公式一致. n 个元素的排列数为

$$P(n,n)=\frac{n!}{0!}=n!$$

例 2-30

使用字母 a,b,c,d,e，每个最多出现一次而形成的 4 字母组成的“单词”的数目有多少？

解

这种“单词”的数目等于 $P(5,4)=\dfrac{5!}{(5-4!)}=120$ 个.

再来看下面的例子.

例 2-31

所谓“15 迷阵”，是由 15 个可以单独滑动的方块组成的，各方块上以数字 1 到 15 标注，并摆放在 4×4 的方框内，如图 2-6 所示. 该迷阵的难题在于移动若干方块使得从图中的初始位置到任意指定位置. 这里的指定位置是指方框内这 15 个方块的一种摆放方式，且其中的一个方块是空的. 那么 15 迷阵中的位置的总数是多少？

1	2	3	4
5	6	7	8
9	10	11	12
13	14	15	

图 2-6

解

这个问题等价于确定数字 1,2,…,14,15 给 4×4 网格的 16 个方块留出一个空白方块的方法的数目. 可以将空白方块指定为数字“16”，所以，这个问题等价于将数字 1,2,…,15,16 指派给 16 个方块的方法的数目，而这个就是 $P(16,16)=16!$ 种.

再来看下面的例子.

例 2-32

将字母表中的 26 个字母排序使得元音字母(a,e,i,o,u)中任意两个都不得相继出现，这种排序方法的总数是多少？

解

对于这个问题要考虑两个方面的问题. 第一是要如何决定其余 21 个辅音字母的排序；因为问题中没有约束条件，所以辅音字母的排列数就 21! 种. 由于不能让两个元音字母相继出现，因此这 5 个元音字母必须放在辅音字母之前、之中、之后的 22 个空间之中.

第二要考虑的问题是，如何将5个元音字母放置到22个位置中去. 显然，对于“a”有22个位置，对于“e”有21个位置，对于“i”有20个位置，对于“o”有19个位置，对于“u”有18个位置. 也就是说，可能的位置有

$$P(22,5)=\frac{22!}{17!}$$

再根据乘法原理可知，该问题的排序方法的总数是 $21!\times\frac{22!}{17!}$ 种.

再来看下面的例子.

例 2-33

有多少取自{1,2,…,9}的各位互异的7位数使得数字5和6不以任何顺序相继出现?

解

此题要对{1,2,…,9}的某些7－排列计数，并为此将这些7－排列划分成4种类型：第一种，7位数字中“5”和“6”都不出现；第二种，7位数字中“5”出现，“6”不出现；第三种，7位数字中“6”出现，“5”不出现；第四种，7位数字中“5”和“6”都出现.

第一种的情况是集合{1,2,3,4,5,6,7,8,9}的7－排列，它们的总数是 $P(7,7)=5040$ 种.

第二种的情况是数字“5”可以是7位数中任意一位，其余6位数是集合{1,2,3,4,7,8,9}的一个6－排列，它们的总数是 $7\times P(7,6)=35\ 280$ 种.

显然，第三种情况与第二种情况一致，也是35 280种.

第四种情况比较复杂，可以再将其细分为三个部分：

ⅰ 第一位数字为“5”，那么数字“6”就有5个位置. 其他的数字组成7位数字{1,2,3,4,7,8,9}的5－排列. 因此该部分有 $5\times P(7,5)=126\ 00$ 种.

ⅱ 最后一个数字为“5”，那么与 ⅰ 部分一样，也是126 00种.

ⅲ 数字“5”出现在除首尾之外的其他位置上，那么意味着出现数字“5”的5个位置上的前一位和后一位的数字都不能是数字“6”，所以6的位置有4个位置可以选择. 剩余的5个位置由他的7位数字{1,2,3,4,7,8,9}的5－排列所构成. 因此该部分有 $5\times4\times P(7,5)=50\ 400$ 种.

第四种情况的总数是 $12\ 600+126\ 00+50\ 400=75\ 600$ 种.

根据加法原理将全部4种情况加起来得到151 200种.

由例2-33可知，先将要计数的元素的集合划分成可管理的部分，即可以方便我们计算其元素个数的部分，然后再应用加法原理即可. 但是，加法原理还能够以更为巧妙的方式来使用，形成另外一种更容易计算的解.

仍然以例2-33为例，可以先考虑使用取自{1,2,…,9}而形成的互异的7位数字的全体集合 T，则 T 包含

$$P(9,7)=\frac{9!}{2!}=181\ 440$$

再将 T 划分成两个子集：S 和其补集 $\overline{S}$. 定义 S 由 T 中“5”和“6”不相继出现的数字组成；$\overline{S}$ 则由 T 中“5”和“6”相继出现的数字组成. 根据加法原理可行 $|T|=|S|+|\overline{S}|$，所以求出 T 和 $\overline{S}$ 的大小后就可以知道 S 的大小(减法原理).

接下来求 $\overline{S}$ 中有多少元素个数. 因为在 $\overline{S}$ 中数字“5”和“6”是连续出现的；所以，有6种情况出现“5－6”和6种情况出现“6－5”；剩余的5个位置由他的7位数字{1,2,3,4,7,8,9}的5－排列所构成. 因此，$\overline{S}$ 中的数的数目为

$$6\times P(7,5)+6\times P(7,5)=30\ 240$$

应用减法原理得到的 S 为

$$P(9,7)-6\times P(7,5)-6\times P(7,5)=151\ 200$$

前面所讨论的排列的例子叫做**线性排列**，可以把元素看成一条线. 如果不把它们排成一条线而是排成一个圆圈，那么排列的数目就要减少. 如有6个小孩沿着圆圈走，那么他们能够以多少种不同的方式形成一个圈？由于孩子们在沿圆圈走，所以关键的是他们彼此之间的相对位置而不是他们的其他状态. 因此，如果两个循环排列通过一定角度的旋转从一个变成另一个，那么对于这种情况应将其看做是相同的.

例 2-34

循环排列

1

2　　6

3　　5

4

下列的线性排列：

123456　234561　345612

456123　561234　612345

中每一个排列是由第一个元素接在最后一个元素后面所产生的.

通过例 2-34，在 6 个孩子的线性排列和 6 个孩子的循环排列之间就存在 6 到 1 的对应. 所以，要想求得循环排列的数目，只要用 6 去除线性排列的数目即可. 那么，6 个孩子的循环排列数为：$6! \div 6 = 5!$

定理 2.4　n 个元素的集合的循环 $r-$ 排列的个数由

$$\frac{P(n,r)}{r} = \frac{n!}{r(n-r)!}$$

给出.

特别需要指出：n 个元素的循环排列个数是$(n-1)!$.

证明　可以将线性 $r-$ 排列的集合划分成若干部分，使得两个线性 $r-$ 排列对应同一个循环 $r-$ 排列，当且仅当它们在同一部分中. 于是，循环 $r-$ 排列的个数等于这个部分的个数. 既然每一个部分都含有 r 个线性 $r-$ 排列，因此这个部分的个数就是：$\frac{P(n,r)}{r} = \frac{n!}{r(n-r)!}$.

证毕

其中，因为每一部分都包含相同个数 r 个 $r-$ 排列，可以应用除法原理，所以前面的结论是成立的. 但是，如果把 10 个元素的集合分成大小分别为 2、4、4 的三个部分，那么部分的个数就不是 10/3.

另一种观察循环排列计数问题的方法如下. 假设我们想要计算 A,B,C,D,E,F 的循环排列的个数（围绕一个圆桌安排座位 A,B,C,D,E,F 的方法的数目）. 既然可以使人们围着桌子自由轮转，那么任何一个循环排列都可以转到使 A 处在一个固定的位置；我们不妨将 A 确定为“桌长”：

A

B　　F

C　　E

D

既然A作为“桌长”已经固定，那么A,B,C,D,E,F的循环排列就可以等同于B,C,D,E,F的线性排列．而且已知5个元素的线性排列数量为5!，所以A,B,C,D,E,F的循环排列数有5!个．

例 2-35

若有10个人需要围着圆桌坐下，但是其中有2个人彼此不愿意挨着坐．那么共有多少种坐法可以安排？

解

(1) 为了解决这个问题，首先令10人分别为$P_1,P_2,\cdots,P_{10}$，其中假定P_1和P_2是彼此不愿坐在一起的两个人，那么考虑9个位置$X,P_3,P_4,\cdots,P_{10}$在圆桌的周围，就可以得到8!个不同的安排方法．如果在每一种座位安排中都用“P_1-P_2”或“P_2-P_1”来取代位置X，那么将会得到10人的一种座位安排方法，而且是P_1和P_2彼此坐在一起的方法．

所以，P_1和P_2彼此不坐在一起的方法共有$9!-2\times 8!=282\ 240$种方法．

(2) 还可以采用另外的方式来分析这个问题．若假定P_1为“桌长”且位置固定；那么P_2就不能坐在“桌长”两边的位置上．而P_1左边的位置有8种可选，P_1右边的位置有7种可选．

所以，P_1和P_2彼此不坐在一起的方法共有$8\times 7\times 7!=282\ 240$种．

再来看下面的例子．

例 2-36

用20个不同颜色的念珠串成一条项链，能够做成多少种不同的项链？

解

20个不同颜色的念珠共有20!种不同的串法．由于项链是可以旋转的，而且不用改变念珠的排列，所以念珠的串法有$20!/20=19!$种．

这里需要考虑到项链和桌子的不同之处，即项链是可以翻转过来的，而圆桌是不能翻转的，所以还要考虑项链翻转过来而念珠的排序并未改变；但一条项链只能有正反两种翻转方法．因此，能够做成19!/2种项链．

2.4.3　集合的组合

令 r 为非负整数，把 n 个元素的集合 S 的 r－组合理解为从 S 的 n 个元素中对 r 个元素的无序排列. 换句话说，S 的一个 r－组合是 S 的一个子集，该子集由 S 的 n 个元素中的 r 个所组成，即 S 的一个 r 元素的子集. 如果 $S=\{a,b,c,d\}$，那么

$$\{a,b,c\}\quad \{a,b,d\}$$
$$\{a,c,d\}\quad \{b,c,d\}$$

就是 S 的 4 个 3－组合. 通常用 $\binom{n}{r}$ 表示 n 个元素集合的 r－组合的个数(这个数也经常用 $C(n,4)$ 或 ${}_nC_r$ 来表示)，显然

$$\binom{n}{r}=0,\quad 若\ r>n$$

又有

$$\binom{n}{r}=0,\quad 若\ r>0$$

容易看出，对于非负整数 n，下式是成立的：

$$\binom{n}{0}=1,\binom{n}{1}=n,\binom{n}{n}=1$$

特别需要指出的是 $\binom{0}{0}=1$.

定理 2.5　对于 $0\leqslant r\leqslant n$，有

$$P(n,r)=r!\binom{n}{r}$$

因此

$$\binom{n}{r}=\frac{n!}{r!(n-r)!}$$

证明　令 S 是一个 n 元素集合. S 的每个 r－排列都恰好由下面的两个任务执行的结果而产生.

(1) 从 S 中选择出 r 个元素；

(2) 将所选出的 r 个元素以某种顺序排列.

执行第一个任务的方法数根据定义可知为组合数 $\binom{n}{r}$. 执行第二个任务的方法数是 $P(r,r)=r!$. 根据乘法原理有 $P(n,r)=r!\binom{n}{r}$. 现在使用公式 $P(n,$

$r) = \frac{n!}{r!(n-r)!}$ 得到

$$\binom{n}{r} = \frac{P(n,r)}{r!} = \frac{n!}{r!(n-r)!}$$

证毕

例 2-37

在平面上给出 25 个点，没有 3 个点是共一条直线的. 这些点可以确定多少条直线？可以确定多少个三角形？

解

(1) 由于没有 3 个点是位于同一条直线上，那么任意 2 个点就可以确定一条直线. 所以，能够确定的直线的数目就是 25 个元素的 2－组合，该组合数为 $\binom{25}{2} = \frac{25!}{2! \times 23!} = 300$ 条.

(2) 类似地，每 3 个点可以确定一个唯一的三角形. 所以，能够确定的三角形的数目为 $\binom{25}{3} = \frac{25!}{3! \times 22!}$ 个.

再来看下面的例子.

例 2-38

有 15 名学生选修了“人工智能”课程，但是任意一次课程都只有恰好 12 名学生在上该门课程. 那么选出 12 名学生的不同方法有多少种？若该课程的教室有 25 个座位，那么这 12 名学生可以采取多少种方式来上这门课程？

解

(1) 从 15 名学生中选取 12 名学生的方法有 $\binom{15}{12} = \frac{15!}{12! \times 3!}$ 种.

(2) 对于任意 12 名学生而言，他们都有 25 个座位可以选择. 所以根据乘法原理有 $\binom{15}{12} \times P(25,12)$ 种方法.

再来看下面的例子.

例 2-39

如果每个单词包含 3、4 或 5 个元音，那么用字母表中的 26 个字母可以构造出多少个 8 个字母的单词？

解

首先要将问题理解为，在同一个单词中字母没有出现次数的限制．那么，按照所含元音字母的数量来对单词进行分类，最后再应用加法原理．

3 个元音单词：由于元音字母占据了 3 个位置，所以，元音字母可以有$\binom{8}{3}$种选择方式；其余的 5 个位置由辅音字母所占据．元音所占的位置可以由 5^3 种方式所构成；辅音所占的位置可以由 21^5 种方式所构成．因此，具有 3 个元音的单词个数为 $\binom{8}{3}\times 5^3 \times 21^5$ 个．

4 个元音单词：与上述 3 个元音单词计数方法同理，为 $\binom{8}{4}\times 5^4 \times 21^4$ 个．

5 个元音单词：$\binom{8}{5}\times 5^5 \times 21^3$ 个．

因此，单词的总数为：$\binom{8}{3}\times 5^3 \times 21^5 + \binom{8}{4}\times 5^4 \times 21^4 + \binom{8}{5}\times 5^5 \times 21^3$ 个．

定理 2.6　若有 $0 \leqslant r \leqslant n$，则

$$\binom{n}{r} = \binom{n}{n-r}$$

定理 2.6 由定理 2.5 可以直接得出．

定理 2.7　n 元素集的所有组合的总个数为

$$\binom{n}{0}+\binom{n}{1}+\binom{n}{2}+\cdots+\binom{n}{n-1}+\binom{n}{n}=2^n$$

证明　可以通证明上式两边是以不同的计数方式来对 n 元素集合 S 的组合数来证明这个定理．首先观察 S 的每一个组合是 S 对于 $r=0,1,2,\cdots,n$ 的一

个 $r-$ 组合. 由于 $\binom{n}{r}$ 等于 S 的 $r-$ 组合数,由加法原理可知, $\binom{n}{0}+\binom{n}{1}+\binom{n}{2}+\cdots+\binom{n}{n-1}+\binom{n}{n}$ 等于 S 的所有组合的总个数.

也可以计算 S 的所有组合的总个数,把一个组合的选取分成 n 个任务来完成. 令 S 的元素为 $x_1,x_2,\cdots,x_n$. 在选取 S 的一个组合时,对 n 个元素的每一个都有两个选择: x_1 要么在这个组合里,要么不在组合里; x_2 要么在这个组合里,要么不在组合里; ……; x_n 要么在这个组合里,要么不在组合里. 因此,由乘法原理可知,存在 2^n 种方法可以形成 S 的一个组合.

证毕

定理 2.7 的证明是通过计数(此处是 n 个元素集合的所有组合的计数)得到恒等式的一个例子. 它先对一个集合的元素用两种不同的计数,然后令所得出的两个结果相等. 这种方法称为: **双计数法**.

例 2-40

前 n 个正整数的集 $\{1,2,\cdots,n\}$ 的 $2-$ 组合数为 $\binom{n}{2}$. 再按照所包含的最大的整数来划分这些 $2-$ 组合. 对每个 $i=1,2,\cdots,n$, $2-$ 组合的个数为 $i-1$(另一个整数可以是 $1,2,\cdots,i-1$ 中的任意一个). 这两种计数的结果是一致的,由此可以得到恒等式 $0+1+2+\cdots+(n-1)=\binom{n}{2}=\frac{n(n-1)}{2}$.

2.4.4 多重集的排列

如果 S 是一个多重集,那么 S 的一个 $r-$ 排列是 S 的 r 个元素的一个有序摆放. 如果 S 的元素总个数是 n(包括重复计算的元素),那么 S 的 $n-$ 排列也称为 S 的排列. 如,若 $S=\{2\cdot a,1\cdot b,3\cdot c\}$,那么

$$acbc \quad ccbc$$

都是 S 的 $4-$ 排列,而

$$abccca$$

是 S 的一个 $6-$ 排列. 同样,多重集 S 没有 $7-$ 排列.

定理 2.8 令 S 是一个多重集,它有 k 个不同类型的元素,每个都有无限重复次数. 那么 S 的 $r-$ 排列的个数为 k^r.

证明 在构造 S 的一个 r－排列时，选取第一项为 k 种元素中的任意一种的一个元素．类似地，第二项也是 k 种元素中的任意一种的一个元素，以此类推．由于 S 的所有元素的重复数都是无限的，因此任意一项的不同选择的个数总是 k，而且不依赖于任何前面项的选择．根据乘法原理可知，r 项可以有 k^r 种选择方法．

证毕

例 2-41

最多 5 位数字的二进制数的个数是多少？

解

这个问题的答案是多重集 $\{\infty \cdot 0, \infty \cdot 1\}$ 或多重集 $\{5 \cdot 0, 5 \cdot 1\}$ 的 5－排列的个数．根据定理 2.8，这个数为 $2^5 = 32$ 个．

现在计算一种多重集的排列数，该集合具有 k 个不同类型的元素，每个元素的重复次数是有限的．

定理 2.9 令 S 是一个多重集，它有 k 个不同类型的元素，各元素的重复数分别为 $n_1, n_2, \cdots, n_k$．设 S 的大小为 $n = n_1 + n_2 + \cdots + n_k$，则 S 的排列数为

$$\frac{n!}{n_1! \times n_2! \times \cdots \times n_k!}$$

证明 给定多重集 S 有 k 种类型的元素，如 $a_1, a_2, \cdots, a_k$，且分别有重复数 $n_1, n_2, \cdots, n_k$，元素的总个数为 $n = n_1 + n_2 + \cdots + n_k$．想要确定这 n 个元素的排列数，可以这样来看．现存在 n 个位置，而想要在每一个位置上恰好放置 S 中的一个元素．首先确定哪些位置要被 a_1 类型的元素占据．由于在 S 中有 n_1 个 a_1；所以，必须从 n 个位置的集合中选出 n_1 个位置的子集．于是有 $\binom{n}{n_1}$ 种方法选出这种子集．接下来再确定哪些位置要被 a_2 类型的元素所占据；还剩下 $n - n_1$ 个位置，而且还要在其中选出 n_2 个位置，于是有 $\binom{n-n_1}{n_2}$ 种方法．同理，对于 a_3 则有 $\binom{n-n_1-n_2}{n_3}$ 种方法；并以此类推．由乘法原理可知，S 的排列总数为

$$\binom{n}{n_1} \times \binom{n-n_1}{n_2} \times \binom{n-n_1-n_2}{n_3} \times \cdots \times \binom{n-n_1-n_2-\cdots-n_{k-1}}{n_k}$$

应用定理 2.5，上式可表示为

$$\frac{n!}{n_1! \times n_2! \times \cdots \times n_k!}$$

证毕

例 2-42

在单词"MISSISSIPPI"中的字母排列数是多少?

解

因为这个数等于多重集$\{1\cdot M,4\cdot I,4\cdot S,2\cdot P\}$的排列数,所以是$\frac{11!}{1!\times 4!\times 4!\times 2!}$.

如果多重集 S 只有两种类型的元素 a_1 和 a_2,它们对应的重复数分别是 n_1 和 n_2,其中 $n=n_1+n_2$,那么按照定理 2.9 计算集合 S 的排列数为

$$\frac{n!}{n_1!\times n_2!}=\frac{n!}{n_1!(n-n_1)!}=\binom{n}{n_1}$$

因此,可以把$\binom{n}{n_1}$看做是 n 个元素集合的 n_1 组合数,也可以看成是具有两种类型的元素且它们的重复数分别是 n_1 和 $n-n_1$ 的多重集的排列的个数.

例 2-43

考虑 4 个元素的集合$\{a,b,c,d\}$,它要被划分成两个集合,每个大小为 2.如果对这两个不作标识,那么将会出现以下三种不同的划分:

$$\{a,b\},\{c,d\}\quad \{a,c\},\{b,d\}\quad \{a,d\},\{b,c\}$$

若对其进行标识,如用红色和蓝色进行标记,那么可以获得更多数量的划分,通过 2 种颜色的指派来获得 6 个不同的划分.例如,对于划分$\{a,b\},\{c,d\}$,指派颜色后就有

红色$\{a,b\}$,蓝色$\{c,d\}$ 及蓝色$\{a,b\}$,红色$\{c,d\}$

这两种不同的划分.

在一般情况下,应标记部分 $B_1,B_2,\cdots,B_k$(看成是颜色 1,颜色 2,…,颜色 k)并且把部分看成是盒子.

定理 2.10 令 n 是一个正整数,并令 $n_1,n_2,\cdots,n_k$ 是正整数,且 $n=n_1+n_2+\cdots+n_k$.将 n 个元素的集合划分成 k 个做标记的盒子 $B_1,B_2,\cdots,B_k$ 的方式数为

$$\frac{n!}{n_1!\times n_2!\times\cdots\times n_k!}$$

其中盒子 1 中含有 n_1 个元素，盒子 2 中含有 n_2 个元素，……，盒子 k 中含有 n_k 个元素. 若这些盒子不被标记，那么划分的个数为

$$\frac{n!}{k!\times n_1!\times n_2!\times\cdots\times n_k!}$$

证明　这里可以直接应用乘法原理. 首先必须要选择哪些元素放进哪些盒子里，并满足大小的限制. 先选择 n_1 个元素放入第一个盒子中，然后从剩下的 $n-n_1$ 个元素中取 n_2 个元素放入第二个盒子中，以此类推……，最后将 $n-n_1-n_2-\cdots-n_{k-1}=n_k$ 个元素放入第 k 个盒子中. 由乘法原理可知，进行这些选择的方法数为

$$\binom{n}{n_1}\times\binom{n-n_1}{n_2}\times\binom{n-n_1-n_2}{n_3}\times\cdots\times\binom{n-n_1-n_2-\cdots-n_{k-1}}{n_k}$$

由定理 2.9 的证明过程可知，上表可表示为

$$\frac{n!}{n_1!\times n_2!\times\cdots\times n_k!}$$

现在设对这些盒子不做标记. 此时的结果必须被 $k!$ 整除. 因为对于把元素放入 k 个无标记的盒子中的每一种方法，存在 $k!$ 种方法将标记 $1,2,\cdots,k$ 标在盒子上，所以这里要用到除法原理，那么没有进行标记盒子的划分个数为

$$\frac{n!}{k!\times n_1!\times n_2!\times\cdots\times n_k!}$$

证毕

例 2-44

在如图 2-7 所示的一个 8×8 的棋盘中，有多少种方法可以将 8 个“车”放置棋盘上，且它们之间互相不会攻击(两个“车”能够互相攻击，当且仅当它们位于棋盘的同一行或同一列上).

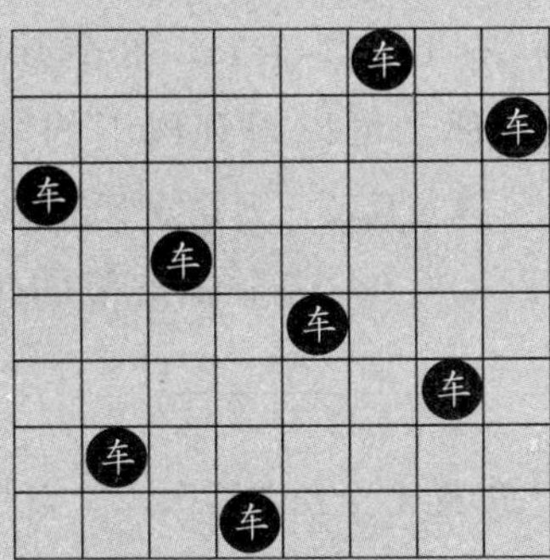

图 2-7

解

给棋盘上的每一个方块设置一对坐标(i,j).整数i为方块的行数,整数j为方块的列数.因此,i和j是1到8之间的整数.由于棋盘是8×8的,棋盘上能够有8个“车”使得它们不能互相攻击,所以每行上必然恰好有一个“车”.同时,这8个“车”必然会占据8个方块且具有坐标

$$(1,j_1),(2,j_2),\cdots,(8,j_8)$$

但是,还必须在每一列上恰好有一个“车”,这使得数j_1,j_2,…,j_8之中是没有两个是相等的.准确地说,$j_1,j_2,\cdots,j_8$必须是$\{1,2,\cdots,8\}$的一个排列.但反过来,如果$j_1,j_2,\cdots,j_8$是$\{1,2,\cdots,8\}$的一个排列,那么将“车”放在坐标$(1,j_1),(2,j_2),\cdots,(8,j_8)$的各个方块上,就得到棋盘上的8个互不攻击的“车”.因此,在8×8的棋盘上的8个互不攻击的“车”与$\{1,2,\cdots,8\}$的排列数是对应的,所以共有8!种方法进行摆放.

在对例2-44的讨论中,其实是假设这些“车”彼此之间是没有区别的.因此,唯一的关键在于哪些方块被这些“车”占据.假如有8个不同类型的“车”,比如用8种不同的颜色来进行“车”的区分,那么还要考虑在8个被“车”所占据的方块中的每一个方块里放什么颜色的“车”,例2-44中已经可以确定有8!种不同的方式选择方格.那么对于任意一种选择都可以得到8个方格,若用8种不同颜色的“车”来放置到8个方格种,其实就是8种颜色的排列,这个颜色的排列数为8!,那么根据乘法原理可知,在8×8的棋盘上放置8种不同颜色的互相不攻击的“车”一共有$8!\times8!$种方法.

若现在再进一步指定为:有1个红(R)车、3个蓝(B)车、4个黄(Y)车.且相同颜色的“车”之间没有区别,那么可以得到以下的多重集:

$$\{1\cdot R,3\cdot B,4\cdot Y\}$$

颜色的一个排列.根据定理2.9可知,这个多重集的排列数为

$$\frac{8!}{1!\times3!\times4!}$$

因此,在8×8的棋盘上放置1个红“车”、3个蓝“车”、4个黄“车”且互相不攻击的方法一共有$\frac{8!\times8!}{1!\times3!\times4!}$种.

例 2-45

考虑 3 种类型 9 个元素的多重集 $S=\{3\cdot a,2\cdot b,4\cdot c\}$. 求 S 的 8－排列的个数.

解

S 的 8－排列可以被分成三个部分:

第一个部分:$\{2\cdot a,2\cdot b,4\cdot c\}$ 的 8－排列,有 $\dfrac{8!}{2!\times 2!\times 4!}=420$ 种;

第二个部分:$\{3\cdot a,1\cdot b,4\cdot c\}$ 的 8－排列,有 $\dfrac{8!}{3!\times 1!\times 4!}=280$ 种;

第三个部分:$\{3\cdot a,2\cdot b,3\cdot c\}$ 的 8－排列,有 $\dfrac{8!}{3!\times 2!\times 3!}=560$ 种;

因此,S 的 8－排列共有 $420+280+560=1260$ 种.

2.4.5 多重集的组合

如果 S 是一个多重集,那么 S 的 r－组合是 S 中的 r 个元素的一个无序选择. 因此,S 的一个 r－组合本身就是一个多重集(S 的一个子多重集). 如果 S 有 n 个元素,那么 S 只有一个 n－组合,即 S 本身. 如果 S 含有 k 种不同类型的元素,那么就存在 S 的 k 个 1－组合.

例 2-46

若 $S=\{2\cdot a,1\cdot b,3\cdot c\}$,那么 S 的 3－组合有哪些?

解

有 6 种:

$\{2\cdot a,1\cdot b\}$ $\{2\cdot a,1\cdot c\}$ $\{1\cdot a,1\cdot b,1\cdot c\}$

$\{1\cdot a,2\cdot c\}$ $\{1\cdot b,2\cdot c\}$ $\{3\cdot c\}$

首先计算一个多重集的 r－组合的数量,并设该多重集的所有元素的重复数均为无限.

定理 2.11 令 S 为具有 k 种类型元素的一个多重集,每种元素均具有无限的重复数,则 S 的 r－组合的数量等于

$$\binom{r+k-1}{r}=\binom{r+k-1}{k-1}$$

证明 令 S 的 k 种类型的元素为 $a_1,a_2,\cdots,a_k$，且满足

$$S=\{\infty\cdot a_1,\infty\cdot a_2,\cdots,\infty\cdot a_k\}$$

S 的任意一个 $r-$组合均呈 $\{x_1\cdot a_1,x_2\cdot a_2,\cdots,x_k\cdot a_k\}$ 的形式，其中 $x_1,x_2,\cdots,x_k$ 皆为非负整数，且 $x_1+x_2+\cdots+x_k=r$. 反过来，满足 $x_1+x_2+\cdots+x_k=r$ 的非负整数的每个序列 $x_1,x_2,\cdots,x_k$ 对应 S 的一个 $r-$组合. 因此，S 的 $r-$组合的个数等于方程 $x_1+x_2+\cdots+x_k=r$ 的解的个数，其中 $x_1,x_2,\cdots,x_k$ 是非负整数. 那么只要证明这些解的个数等于两种不同类型元素的多重集

$$T=\{r\cdot 1,(k-1)\cdot *\}$$

的排列的个数即可. 给定 T 的一个排列，$k-1$ 个 $*$ 把 r 个 1 分成 k 组. 设第一个 $*$ 号的左边有 x_1 个 1，在第一个 $*$ 号和第二个 $*$ 号之间有 x_2 个 1，以此类推……，在最后一个 $*$ 号的右边有 x_k 个 1，由于，$x_1,x_2,\cdots,x_k$ 是满足 $x_1+x_2+\cdots+x_k=r$ 的非负整数. 反之，给定非负整数 $x_1,x_2,\cdots,x_k$，满足 $x_1+x_2+\cdots+x_k=r$，将上述步骤倒推并构造 T 的排列. 那么，多重集 S 的 $r-$组合的个数等于多重集 T 的排列个数，由定理 2.9 可知它等于

$$\frac{(r+k-1)!}{r!(k-1)!}=\binom{r+k-1}{r}$$

证毕

定理 2.11 的另一种表述为：

每种物体都可以重复无限多个数的 k 种不同类型元素的 $r-$组合的个数等于 $\binom{r+k-1}{r}$.

需要注意的是，若 S 的 k 种元素的重复数都大于等于 r 的话，定理 2.11 仍然是成立的.

例 2-47

一家甜品店能制作 8 种不同的糕点. 如果一个盒装糕点内装有一打(12 只)糕点的话，那么我们能够买到多少种不同的盒装糕点?

解

假设甜品店现在有大量的各种(每种不少于 12 只)糕点. 由于假设盒子中的糕点是没有顺序的，因此，该问题就是一个组合问题. 不同盒装的数量等于每种元素都可以提供无限多个数量，即 8 种类型元素的多重集的 12－排列. 根据定理 2.11，这个数等于

$$\binom{12+8-1}{12}=\binom{19}{12}$$

再来看下面的例子.

例 2-48

其项取自 $1,2,\cdots,k$ 的长度为 r 的不是递减序列的个数有多少?

解

要被计数的不是递减的序列,首先可以通过多重集选择一个 r—组合:

$$S=\{\infty\cdot 1,\infty\cdot 2,\cdots,\infty\cdot k\}$$

然后再以递增的顺序排列这些元素.这样的序列的个数等于 S 的 r—组合的个数,因此由定理 2.11 可知,其等于 $\binom{r+k-1}{r}$.

在定理 2.11 的证明中已经看到,在具有 k 种不同类型元素的多重集 S 的 r—组合与方程 $x_1+x_2+\cdots+x_k=r$ 的非负整数解之间存在一一对应的关系.在这种对应中,x_i 代表用于 r—组合的第 i 种元素的个数.对每种元素在 r—组合中出现的次数施加限制就等价于对 x_i 施加限制.

例 2-49

令 S 是具有 4 种元素 a,b,c,d 的多重集$\{10\cdot a,10\cdot b,10\cdot c,10\cdot d\}$. S 使得 4 种元素的每一种至少出现一次的 10—组合的数目是多少?

解

由前文知这道问题的答案就是方程

$$x_1+x_2+x_3+x_4=10$$

的正整数解的个数.这里,用 x_1 代表 10—组合中 a 的个数,x_2 代表 10—组合中 b 的个数,x_3 代表 10—组合中 c 的个数,x_4 代表 10—组合中 d 的个数.由于重复数都等于10,而10又是被计数的组合的长度,因此可以忽略这个重复次数,进行变量的代换:

$$y_1 = x_1 - 1, y_2 = x_2 - 1, y_3 = x_3 - 1, y_4 = x_4 - 1$$

则方程变为

$$y_1 + y_2 + y_3 + y_4 = 6$$

既然这些 x_i 是正数，那么这些 y_i 就是非负的. 由定理 2.11 可知，新方程的非负数的解的个数是 $\binom{6+4-1}{6} = \binom{9}{6} = 84$ 个.

再来看下面的例子.

例 2-50

继续考虑甜品店制作糕点的例子. 若甜品店制作的 8 种糕点，在一盒中(12 个)至少每个品种的糕点有一个，那么我们能够买到多少种不同的盒装糕点？

解

通过前面的例子可知，不同的盒数等于 $\binom{4+8-1}{4} = \binom{11}{4} = 330$ 种.

在组合中每种元素出现的次数的一般下界也可以通过变量的变换来处理.

例 2-51

方程 $x_1 + x_2 + x_3 + x_4 = 20$ 的整数解的个数是多少？其中，$x_1 \geqslant 3, x_2 \geqslant 1, x_3 \geqslant 0, x_4 \geqslant 5$.

解

引入新的变量：

$$y_1 = x_1 - 3, y_2 = x_2 - 1, y_3 = x_3, y_4 = x_4 - 5$$

则原方程变换为

$$y_1 + y_2 + y_3 + y_4 = 11$$

且各 x_1 的下界能够满足当且仅当这些 y_i 是非负的. 那么，新方程的非负整数解的个数是 $\binom{11+4-1}{11} = \binom{14}{11} = 364$ 个.

含有 k 种元素且重复数为 $n_1, n_2, \cdots, n_k$ 的多重集

$$S = \{n_1 \cdot a_1, n_2 \cdot a_2, \cdots, n_k \cdot a_k\}$$

的 r — 组合数的计数问题要更困难. S 的 r — 组合数和方程

$$x_1 + x_2 + \cdots + x_k = r$$

的整数解的个数相同,其中 $0 \leqslant x_1 \leqslant n_1, 0 \leqslant x_2 \leqslant n_2, \cdots, 0 \leqslant x_k \leqslant n_k$.

习题 2

1. 设想一个监狱由64个囚室组成,这些囚室的排列是一个8×8的结构. 所有相邻的囚室之间都有门相通. 若有一个被囚禁在某个角上的犯人被告知,如果他能够恰好通过每一个囚室一次,且最后刚好到达对角位置上的囚室,那么他将被释放. 这个犯人能够获得自由吗?

2. 描述图 2-8 中的道路和路口系统,确定从 A 到 B 所有的最短路径.

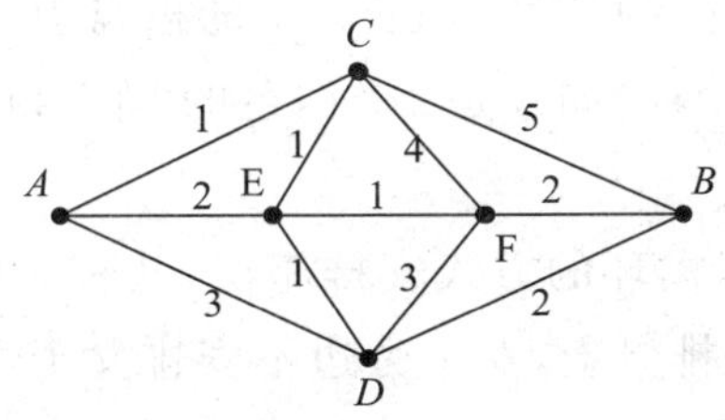

图 2-8

3. 一局游戏在两个参与者之间交替进行:游戏从一个空堆开始. 每当轮到一个游戏人时,他可以往该堆中加进 1、2、3 或 4 枚硬币. 往堆中加进第 100 枚硬币的游戏参与者获胜. 那么在这个游戏中是第一参与者还是第二参与者能够确保获胜?

4. 在一次聚会中有 8 个人,他们逐对分开,分成 4 个队,每队 2 人. 有多少种分法?

5. 考虑一块 n 行 n 列的棋盘和 L 型四格拼板(4 个方格连在一起形成 L 型). 证明,如果 $n \times n$ 的棋盘存在一个 L 型四格拼版的完美覆盖,那么 n 可被 4 整除. 若是 $m \times n$ 的棋盘,对于 n 该如何定义?

6. 若由数字"1、2、3、4、5" 所组成的四位偶数,一共有多少个?

7. 若由数字"1、2、3、4、5" 所组成的数字互异的四位数,一共有多少个?

8. 如果将相同花色的扑克放在一起，那么一副有 52 张牌的扑克有多少种排序方法？

9. 在一副 52 张的扑克牌中，任意抽取 5 张牌，那么可以有多少种不同的组合？

10. 6 男 6 女围坐一个圆桌. 如果是男女交替的围坐，那么可以有多少种方法？

11. 从拥有 10 名男生和 12 名女生的班级中选出一个 5 人的班委会. 如果班委会至少包含 2 名女生的话，那么可以有多少种方式形成这个班委会？

12. 共有 100 名学生出去野营，营地有 A、B、C 三个营房，它们分别能够容纳 25、35、40 人. 那么安排学生营房的方法有多少种？

13. 从数集$\{1,2,3,\cdots,20\}$中形成 3 个数的集合，如果没有 2 个相连的数字在同一个集合中，那么能够形成多少个 3 个数的集合？

14. 在舞会上有 15 位男士、20 位女士. 那么可以有多少种方式形成 15 对男女舞伴？

15. 在 3 个篮子中放置 12 个完全相同的苹果和 1 个橘子，使每个篮子中至少有 1 个水果的方法有多少种？

16. 如果 6 个没有区别的"车"放在 6×6 的棋盘上，使没有两个"车"能够相互攻击的放置方法有多少种？如果是 2 个白色的"车"和 4 个黑色的"车"，那么放置方法又有多少种？

17. 围绕一个圆桌以循环的方式安排座位，共有 5 位男士，5 位女士和 1 个小孩. 如果男士旁边不安排男士，女士旁边不安排女士，那么能够有多少种安排方法？

第3章　基础图论

图论(Graph Theory)是数学的一个分支.它以图为研究对象.图论中的图是由若干给定的点及连接两点的线所构成的图形,这种图形通常用来描述某些事物之间的某种特定关系,用点代表事物,用连接两点的线表示相应两个事物间具有某种关系.实际生活中的很多事例都可用图来表示其内部关系.

历史上很多数学家对图论的形成作出过贡献,特别是欧拉(Euler)、基尔霍夫(Kirchhoff)与凯莱(Cayley).随着计算机科学的发展,图论的应用也越来越广泛,同时图论也得到了充分的发展.构建图并应用相关的算法解决一些实际问题是本章的出发点.

3.1　图的基本概念

3.1.1　图的定义

在现实世界中有许多事情可以用由点和线组成的图形来描述.例如,北京、上海、天津、重庆、香港、澳门是中国的几个著名城市,这些城市之间的航空线可以用由点和线组成的图形来描述.图是由顶点集合及顶点间的关系集合组成的一种数据结构.

定义 3.1　无向图 $G=(V,E)$ 是一个有序二元组,其中 $V=\{x \mid x\in$ 某个数据对象$\}$,是顶点的有穷非空集合,称为图 G 的顶点集,V 中的元素称为顶点或结点;$E=\{x,y \mid x,y\in V\}$ 或 $E=\{(x,y) \mid x,y\in V \&\& \mathrm{Path}(x,y)\}$ 是顶点之间关系的有穷集合,称为图 G 的边集,是图 G 中诸顶点之间的无向边的集合,E 中的元素称为边.即图 G 是由结点和结点之间的边组成的图形.

Path(x,y)表示从 x 到 y 的一条单向通路,它是有方向的.

由定义 3.1 可知,图 G 的边 e 是 V 的两个元素 v_i,v_j 的无序对(v_i,v_j),即 $e=(v_i,v_j)$. 与一条边 e 相关联的两个结点 v_i,v_j 称为邻接的或相邻的. 当 $v_i=v_j$ 时,称 e 为环. 结点 v_i,v_j 之间有多条边时称为这些边为平行边.

在一个图 G 中,为了表示 V 和 E 分别是图 G 的结点集和边集,通常将 V 记作 $V=V(G)$,E 记作 $E(G)$.

若用"•"表示 V 中的结点,用结点之间的连线段表示边,则可画出图来.

例 3-1

设图 $G=(V,E)$,其中 $V=\{a,b,c,d\}$,

$E=\{e_1,e_2,e_3,e_4,e_5,e_6,e_7\}$

$=\{(a,d),(a,d),(a,c),(a,b),(c,d),(b,c),(b,b)\}$

则 $G=(V,E)$的图形如图 3-1 所示. 其中,e_7 为环,e_1,e_2 为平行边.

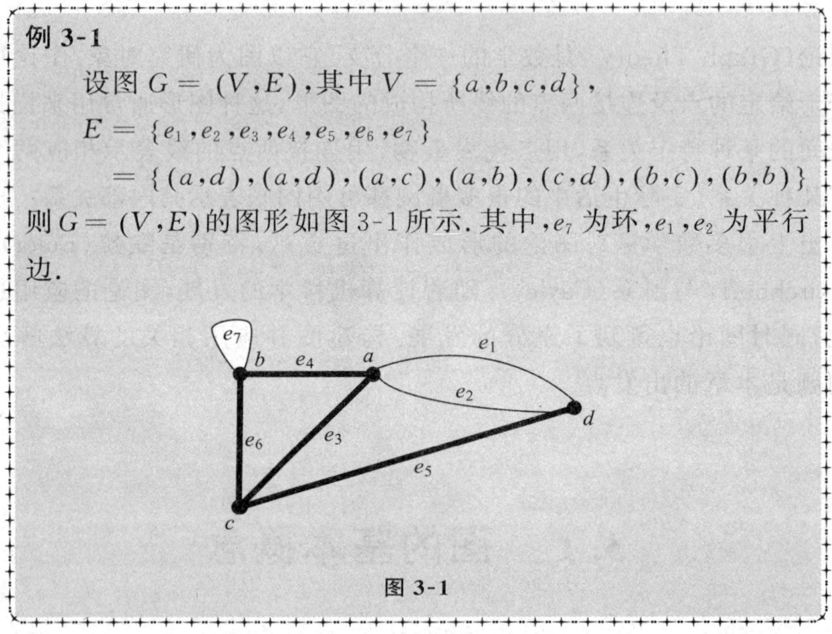

图 3-1

若 $G=(V,E)$为无向图,则当 V,E 都为有限集时,图 G 称为**有限图**. 没有环和平行边的图称为**简单图**.

3.1.2 结点的度

定义 3.2 设 $G=(V,E)$是无向图,$v\in V(G)$,结点 v 所关联的边数称为结点 v 的度,记作 $\deg(v)$或 $\mathrm{d}(v)$.

一个结点 v 的度是与它相关联的边的条数. 在有向图中,结点的度等于该结点的入度与出度之和. 结点 v 的入度是以 v 为终点的有向边的条数,结点 v 的出度是以 v 为始点的有向边的条数. 不与任何关联的结点称为孤立结点,孤立结点的度为 0. 一个环结点的度为 2.

所以在例 3-1 中,$\deg(a)=4$,$\deg(b)=4$,$\deg(c)=3$,$\deg(d)=3$.

定义 3.3 设 $G=(V,E)$是无向图,$V=\{v_1,v_2,\cdots v_n\}$,则称

$\{\deg(v_1),\deg(v_2),\cdots\deg(v_n)\}$为图 G 的结点度序列.

所以在例 3-1 中,结点度序列为(4,4,3,3).

定义 3.4 设$G=(V,E)$是无向图,则$\Delta(G)=\mathrm{Max}\{\deg(v)\mid v\in G\}$称为图 G 的最大度,$\delta(G)=\mathrm{Min}\{\deg(v)\mid v\in G\}$称为图 G 的最小度.

所以在例 3-1 中,最大度 $\Delta(G)=4$,最小度 $\delta(G)=3$.

定理 3.1 握手定理 设$G=(V,E)$为有限图,则所有结点度总和等于边数的 2 倍,即

$$\sum_{v\in V}\deg(v)=2m$$

其中,m 为边集 $E(G)$的总数.

定理 3.2 在任一有限图中,奇数度的结点必为偶数个.

例 3-2

下面哪些数的序列可能是一个简单图的度数序列?那些可能不是?

a:(1,2,3,4,5) b:(2,2,2,2,2)

c:(1,2,3,2,4) d:(1,1,1,1,4)

e:(1,2,2,4,5)

解

a 不是,因为有三个数字是奇数,所以由握手定理可知 a 不是一个简单图的度数序列;b、c、d 是;e 不是,因为它有 5 个点,有一个结点度为 5,而每个结点是多发出 $n-1$ 条边.

再看下面的例子.

例 3-3

已知图 G 中有 10 条边、4 个 3 度结点,其余结点的度均小于或等于 2,问 G 中至少有多少个结点?为什么?

解

由 $m=10$,得 $\deg(v)=2m=20$,由于其中有 4 个 3 度结点,所以余下结点度之和为:$20-3\times4=8$,又因为其余每个结点度数小于或等于 2,所以至少还有 4 个结点. 综上所述,G 中至少有 8 个结点.

3.1.3 子图与补图

定义3.5 设$G=(V,E)$为n阶无向简单图，则G中任意两个结点之间都有边相关的图称为n阶向完全图. 有n个结点的完全图用K_n表示，如图3-2所示.

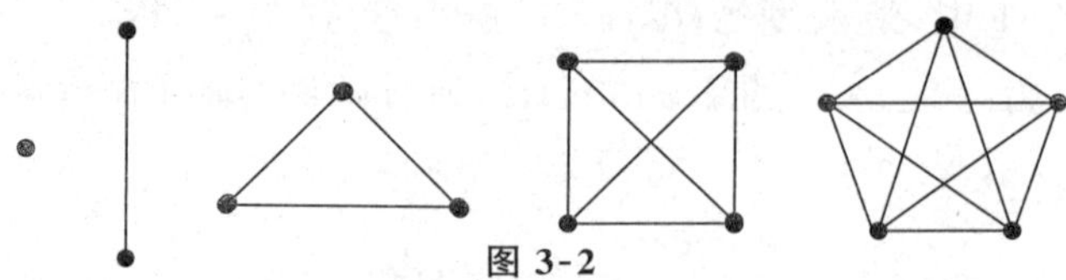

图 3-2

容易证明，n阶完全图K_n具有$\frac{n(n-1)}{2}$条边，每个结点的度数为$n-1$.

定义3.6 设图G和图H，如果$V(H)\subseteq V(G)$，$E(H)\subseteq E(G)$，则称H是G的子图，G是H的母图；如果H是G的子图，并且$V(H)\subseteq V(G)$，则称H是G的生成子图(或支撑子图).

例3-4

设图$H=(V,E)$，如图3-3所示，则$V(H)\subseteq V(G)$，$E(H)\subseteq E(G)$，所以H是G的子图. G是H的母图. 又设$J=(V,E)$，则$V(J)=V(G)$，并且J是G的子图，所以J是G的生成子图.

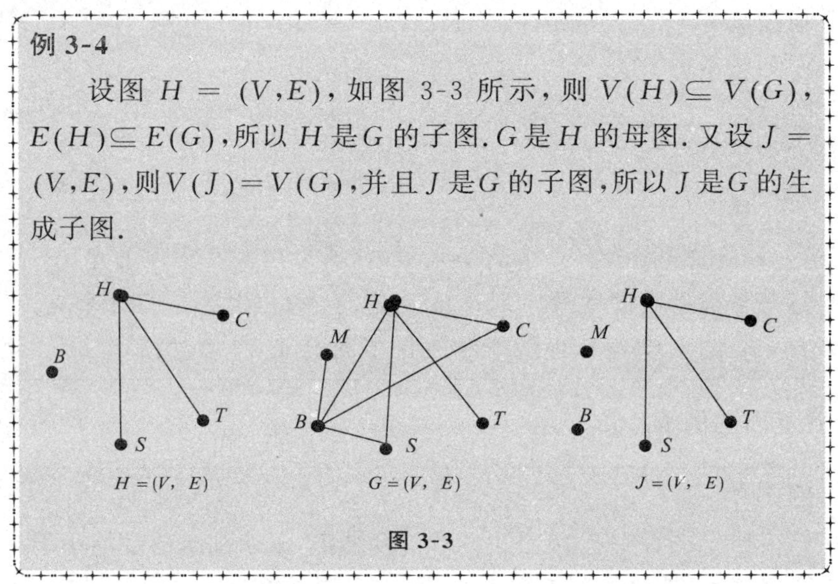

图 3-3

定义3.7 由图G的所有结点为使G变成完全图所需要添加的那些边组成的图，称为图G相对完全图的补图，简称G的补图，记作$\bar{G}$.

例 3-5

设完全图 K_5 和 G，如图 3-4(a)、(b) 所示，则图 G 的补图为 $\bar{G}$，如图 3-4 中 c 所示，实际上 G 和 $\bar{G}$ 都是 K_5 的子图，G 和 $\bar{G}$ 和起来就是 K_5.

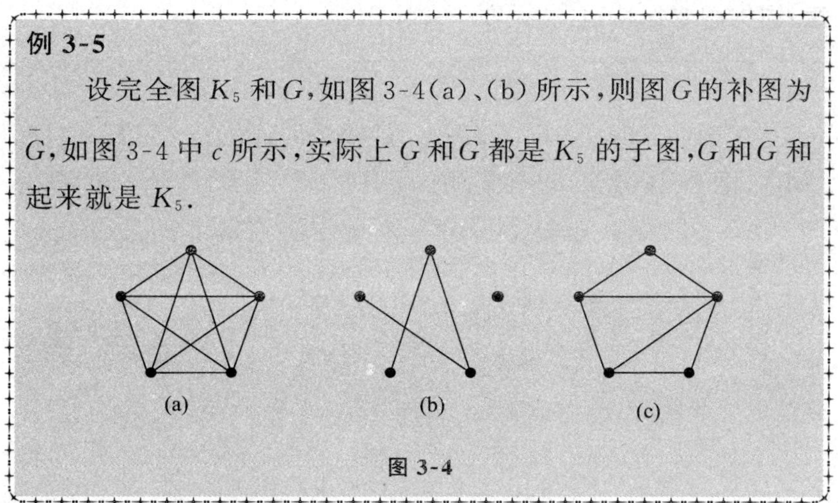

图 3-4

定义 3.8 由图 G 的所有结点以及为使图 G' 变成图 G 所需要添加的那些边组成的图，称为图 G' 相对于图 G 的补图，记作 $\bar{G}$.

例 3-6

设 G 和 G' 分别如图 3-5 中(a)、(b) 所示，则 $\bar{G}$ 就是 G' 相对于图 G 的补图，如图 3-5 中(c) 所示.

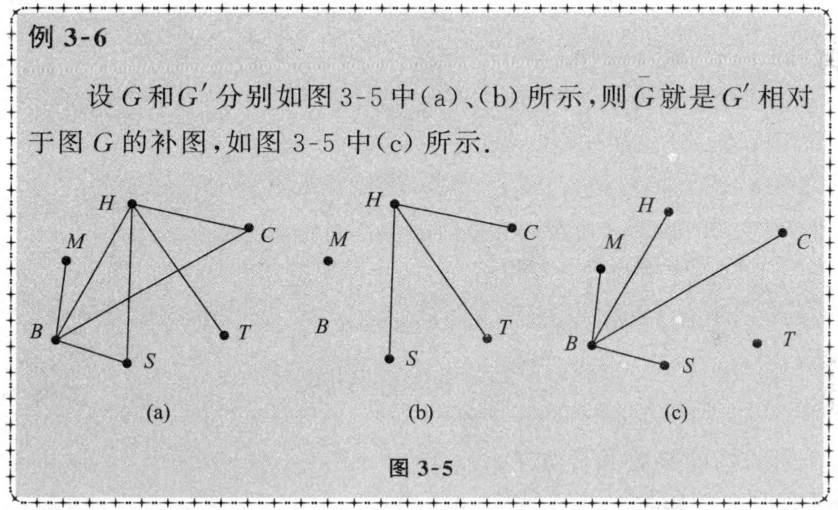

图 3-5

3.1.4 图的同构

由于在画图时，结点的位置和边的形状是可以随意的，因此，表面上不同的两个图可能表示的却是同一个图. 为了判断不同图形是否为同一个图，下面给出图的同构的概念.

定义 3.9 设图 $G=(V,E)$ 和图 $G_1=(V_1,E_1)$，如果存在双射 $f:V\to V_1$，且任何 $v_i,v_j\in V$，若边 $(v_i,v_j)\in E$，当且仅当边 $(f(v_i),f(v_j))\in E_1$，则称 G 与 G_1 同构，记作 $G\cong G_1$.

注意:同构图要保持边的"关联"关系.

例 3-7

如图 3-6 所示,图 G 与图 G_1 是同构的;图 H 与图 H_1 是同构的,图 N 与图 N_1 是同构的.

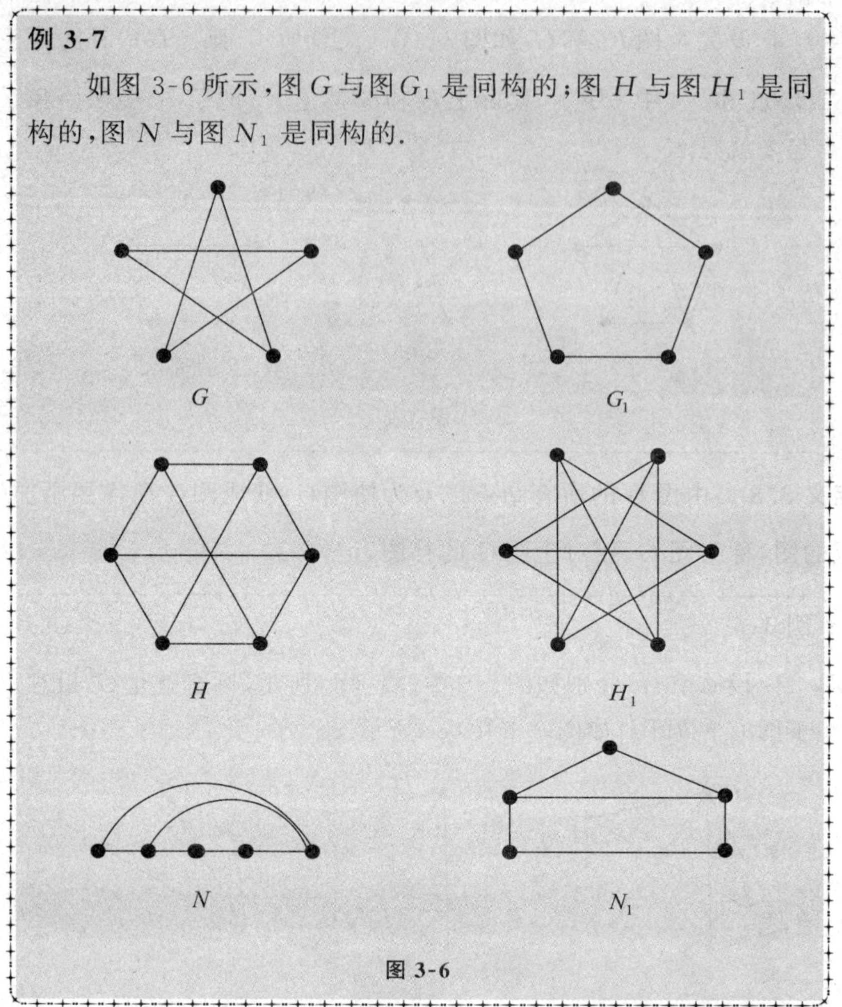

图 3-6

两个图同构的必要条件如下:

(1) 结点个数相等.

(2) 边数相等.

(3) 度数相同.

(4) 对应的结点度数相等.

值得注意的是,这些不是充分条件.

例 3-8

如图 3-7 所示，图 G 和图 H 这两个图不同构，图 G 中四个 3 度结点构成四边形，而图 H 则不然，即这两个图不相同.

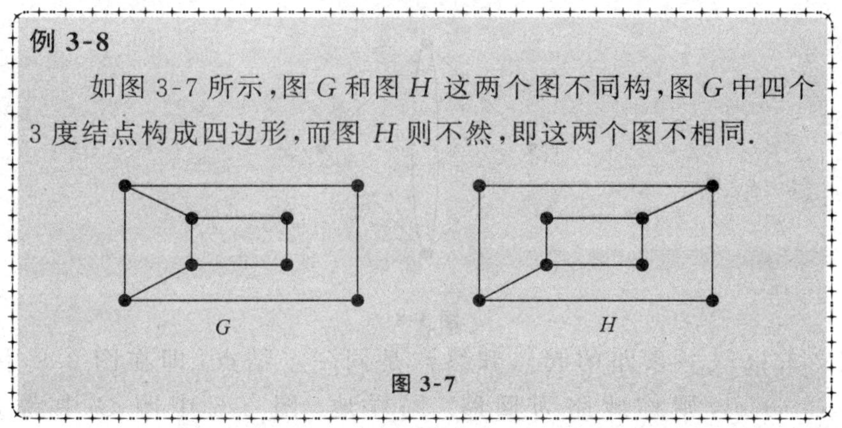

图 3-7

3.2 图的连通性

连通度是图论中重要概念，也是最基本的概念. 在一些图中，通过删除一个或几个结点可以将图分成几个连通分量. 对任意的非平凡图，通过删除其中的一些边，只要删除的边是足够的，总可以把图分成几个互不相交的连通分量，这在计算机网络的可靠性问题上有着重要应用，所以近年来对图的连通性作了大量的研究，并且大量图的连通方式被研制出来. 下面，我们先来学习一些相关概念.

3.2.1 路的定义

在实际应用中，例如上海市内乘坐出租车去参观 2010 世博会，一定要司机选一条最短的路，到世博会后，最好选一条这样的路径，使得每个展台都参观一次后，再回到原来的存包处，这就是路与回路的问题.

定义 3.10 设无向图 $G=(V,E)$，e_i 是关联 v_{i-1}，v_i 的边，则称结点和边的交替序列 $v_0e_1v_1e_2v_2\cdots e_nv_n$ 为连接 v_0 到 v_n 的路. v_0 是此路的起点，v_n 是此路的终点，两者称为链的**端点**，其余的顶点称为链的内部点，内部点互不同的链称为**路**. 路中含有的边数 n 称为路的长度. 例如图 3-8 中图 G 中的 $v_0e_2v_3e_6v_2$ 就是一条长度为 2 的路.

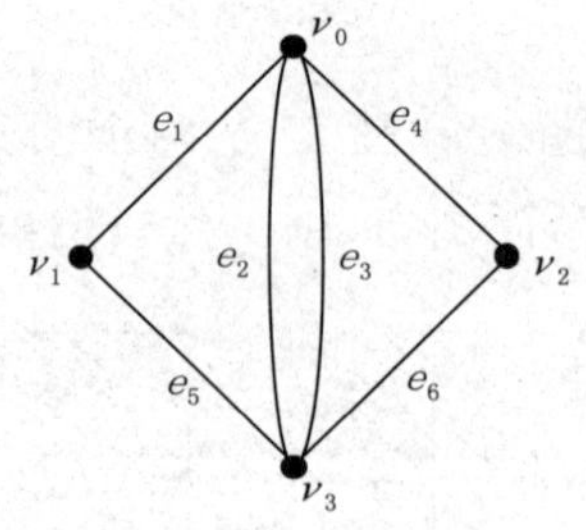

图 3-8

定义 3.11 一条路的起点和终点是同一个结点，即在图 3-8 中的路 $v_0e_1v_1e_2v_2\cdots e_nv_n$，则称此路为**回路**. 同样地，图 3-8 中图 G 中路 $L_1=v_0e_1v_1e_5v_3e_6v_2e_4v_0$，路 $L_2=v_0e_1v_1e_5v_3e_2v_0$，都是回路.

定义 3.12 如果一条路中所有的边都不同，则称此路为**迹**(或**链**)；如果一条回路中，所有的边都不同，则称此回路为**闭迹**(或**闭链**).

那么在图 3-8 所示图 G 中的路 $v_0e_2v_3e_6v_2$ 为迹，回路 $L_1=v_0e_1v_1e_5v_3e_6v_2e_4v_0$ 为闭迹.

定义 3.13 如果一条路中，所有结点都不同，则称此路为**通路**；如果一条回路中，除起点和终点外，其余结点都不同，则称此回路为**圈**.

那么在图 3-8 所示图 G 中的路 $L_1=v_0e_1v_1e_5v_3e_6v_2e_4v_0$，路 $L_2=v_0e_1v_1e_5v_3e_2v_0$，既是闭迹，也是圈；路 $L_3=v_0e_1v_1e_5v_3e_2v_0e_3v_3e_6v_2e_4v_0$ 是闭迹，不是圈.

定理 3.3 在一个有 n 个结点的图中，如果从结点 v_i 到 v_j 存在一条路，则从 v_i 到 v_j 必存在一条长度不多于 $n-1$ 的路.

3.2.2 图的连通性

定义 3.14 在无向图 $G=(V,E)$ 中，结点 u 和 v 之前存在一条路，则称 u 和 v 是连通的.

这里规定：对任何结点 u，其自身总是连通的.

定义 3.15 无向图 $G=(V,E)$，R 是 V 上的连通关系，即 $R=\{(u,v)\mid u$ 和 v 是连通的$\}$，结点集上的顶点间的连通关系是其上的等价关系. 设 R 对 V 有等价类 $V_1,V_2,V_3,\cdots,V_n$，这 n 个等价类构成的 n 个子图分别记作 $G(V_1),G(V_2),G(V_3),\cdots,G(V_n)$，并称它们为 G 的**连通分支**或**分支**，并用 $W(G)$ 表示 G 中的**连通分支数**.

例 3-9

如图 3-9 所示,这三个图的连通分支数分别为:$W(G_1)=3$,$W(G_2)=2$,$W(G_3)=1$

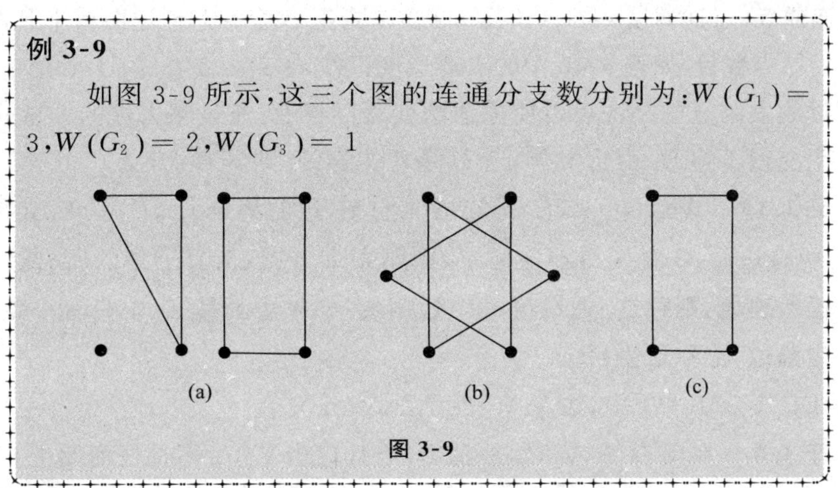

图 3-9

定义 3.16 如果图 G 中只有一个连通分支(即 $W(G)=1$),则称图 G 是**连通图**,反之称为**非连通图**.

例如在图 3-9 所示的图 G 中,$W(G_3)=1$,所以图 G_3 是连通图.

3.2.3 割集

割集在图论中是一个重要的概念,在图论的理论和应用中,都具有重要地位.割集就是为使原来连通的图变成不连通,需要删去的结点集合或边的集合.

定义 3.17 设 $G=(V,E)$ 是连通无向图,结点集合为 V_1,并且 $V_1\subseteq V$,如果删去 V_1 中所结点(包括所关联的边)后,G 就变为非连通的,则称 V_1 是 G 的一个**点割集**,如果点割集 V_1 中只有一个结点,则称此结点为**割点**.

例 3-10

如图 3-10 所示,在图 3-10(a) 中删去点 V_2 后如图 3-10(b) 所示,可见图不连通了,所以点 V_2 是割点.

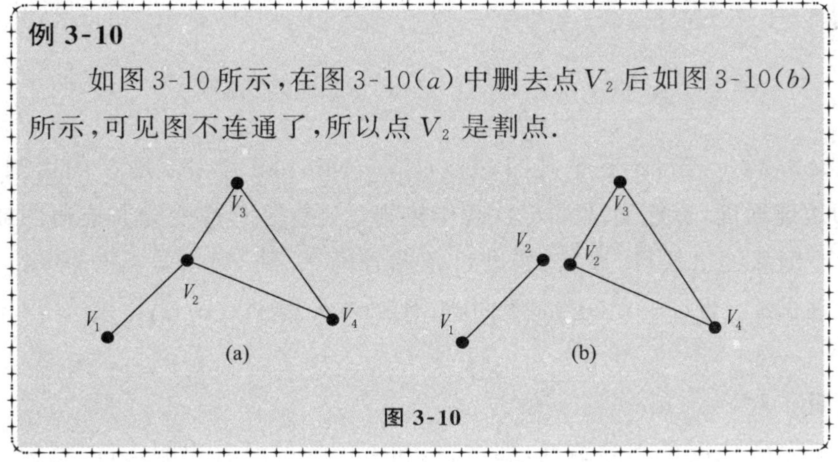

图 3-10

定义 3.18 若图 G 不是完全图,则 $\kappa(G)=\mathrm{Min}\{\,|V_1|\mid V_1$ 是 G 的点割集为

G 的**点连通度**,点连通度 $\kappa(G)$(读作卡帕)是指把 G 变为非连通图或平凡图至少要删除的结点数目,如例 3-10 中的点连通度记作 $\kappa(G)=1$.

通过删去结点的办法可以使连通图变得不连通,通过删去边的办法也可以使连通图变得不连通.由定义得,若 G 是非连通的,则 $\kappa(G)=0$.

定义 3.19 设 $G=(V,E)$ 是连通无向图,边的集合 E_1,$E_1\subseteq E$,如果删去 E_1 中的所有边后,G 就变得不连通了,而删去 E_1 的任何真子集的所有边,得到的子图仍然连通,则称 E_1 是 G 的一个**边割集**.如果边割集 E_1 中只有一条边,则称此边为**割边**,也称之为**桥**.

例如在图 3-10(b)中,边 V_1V_2 就是割边(桥).

定理 3.4 在图 G 中,V_1V_2 是割边,当且仅当 V_1V_2 不在任何圈上.

若用图来表示通信网(如计算机网络)或者交通网,那么,图的割点和桥将是威胁着整个网络完整性的脆弱点.建网还是提倡冗余的,即提倡网中结点间存在多条路,如此网络才相对健壮些.

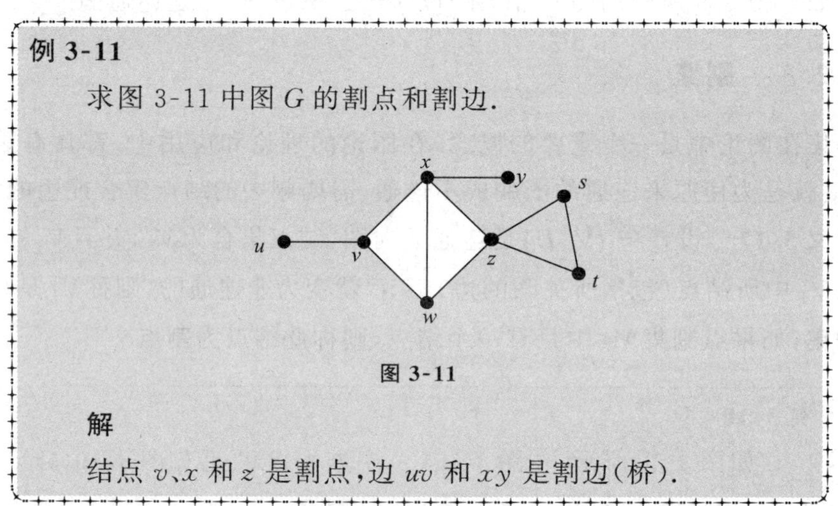
例 3-11

求图 3-11 中图 G 的割点和割边.

图 3-11

解

结点 v、x 和 z 是割点,边 uv 和 xy 是割边(桥).

定义 3.20 若 G 不是平凡图,则 $\lambda(G)=\mathrm{Min}\{|E_1|\mid E_1$ 是 G 的边割集$\}$为图 G 的**边连通度**,边连通图 $\lambda(G)$(读作拉姆达)是指把 G 变为非连通图或平凡图至少要删除的边数目.显然,如果 G 不是连通图,则 $\kappa(G)=\lambda(G)=0$.

定理 3.5 设 $G=(V,E)$ 是无向图,则 $\kappa(G)\leqslant\lambda(G)\leqslant\delta(G)$($\delta$ 表示所有结点的最小度).

证明

设 v 为 G 中度最小的结点,那么,将与 v 邻接的所有边删除,图就变成了一个非连通图,结点 v 是其中的一个连通分量.当然,图可能存在一个含更少边数的边割集，因此，$\lambda(G)\leqslant\delta(G)$. 若 S 是由 k 条边组成的边割集，那么，可以从与这 k 条边关联的结点中选出 k 个合适的结点，使得删除这 k 个结点后图变为非连通的，当然，图可能存在一个含更少结点的点割集，因此，$\kappa(G)\leqslant\lambda(G)$. 综合上面两个不等式，定理 3.5 成立.

证毕

3.3　图的矩阵表示

我们知道图的数学抽象是三元组，还知道形象直观的图的图形表示. 为便于计算，特别为便于用计算机处理图，下面介绍图的第三种表示方式 —— 图的矩阵表示. 图的矩阵表示不仅给出了图的一种表示方式，还可以通过这些矩阵讨论有关图的若干性质，更重要的是可以用矩阵形式将图存入计算机中，在计算机中对图作处理.

3.3.1　邻接矩阵

定义 3.21　设无向图 $G=(V,E)$，其中 $V=\{v_1,v_2,\cdots,v_n\}$，$E=\{e_1,e_2,\cdots,e_m\}$，则 n 阶方阵 $\mathbf{A}(G)=(a_{ij})$ 称为 G 的邻接矩阵，其中，a_{ij} 为图 G 中以 x_i 为起点且以 x_j 为终点的边的数目，即

$$a_{ij}=\begin{cases}1, & \text{当 } v_i \text{ 与 } v_j \text{ 相邻，即边 } v_iv_j\in E \text{ 时} \\ 0, & \text{其他}\end{cases}.$$

例 3-12

求图 3-12 中 G_1 和 G_2 的邻接矩阵.

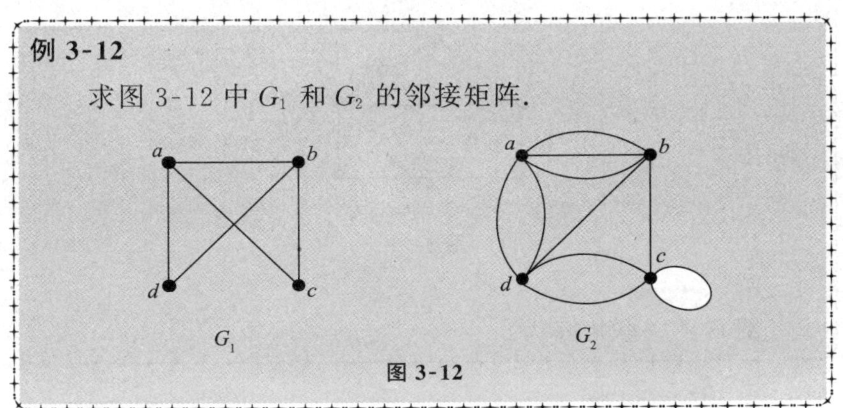

图 3-12

解

图 G_1 的顶点顺序为 a,b,c,d 的邻接矩阵是：

$$\begin{bmatrix} 0 & 1 & 1 & 1 \\ 1 & 0 & 1 & 1 \\ 1 & 1 & 0 & 0 \\ 1 & 1 & 0 & 0 \end{bmatrix}$$

图 G_2 的顶点顺序为 a,b,c,d 的邻接矩阵是：

$$\begin{bmatrix} 0 & 3 & 0 & 2 \\ 3 & 0 & 1 & 1 \\ 0 & 1 & 1 & 2 \\ 2 & 1 & 2 & 0 \end{bmatrix}$$

从邻接矩阵看图的性质：每行 1 的个数 = 每列 1 的个数 = 对应结点的度. 无向图的邻接矩阵是**对称矩阵**.

3.3.2 关联矩阵

定义 3.22 设无向图 $G=(V,E)$，其中 $V=\{v_1,v_2,\cdots,v_n\}$，$E=\{e_1,e_2,\cdots,e_m\}$，则 $n\times m$ 阶矩阵 $\boldsymbol{M}(G)=(m_{ij})$ 称为 G 的关联矩阵，其中，$m_{ij}=\begin{cases}1, & \text{当 } v_i \text{ 是 } e_j \text{ 的端点时} \\ 0, & \text{其他}\end{cases}$.

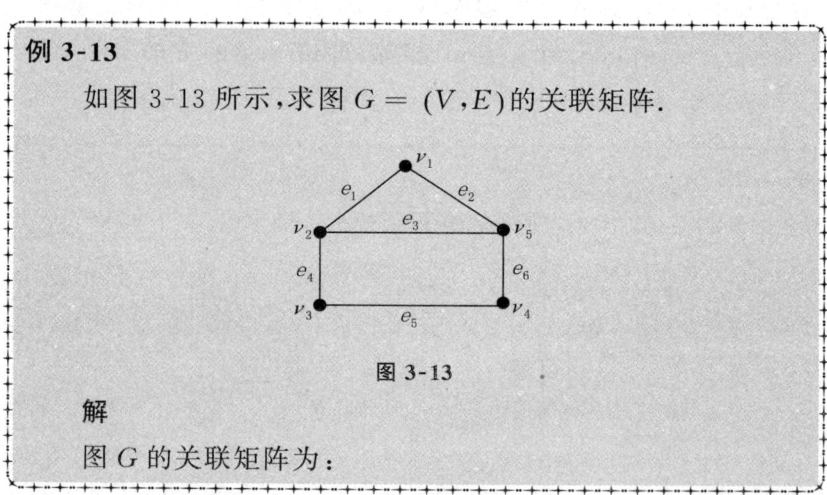

例 3-13

如图 3-13 所示，求图 $G=(V,E)$ 的关联矩阵.

图 3-13

解

图 G 的关联矩阵为：

$$\boldsymbol{M}(G)=\begin{array}{c} \\ v_1 \\ v_2 \\ v_3 \\ v_4 \\ v_5 \end{array}\begin{array}{c} \begin{array}{cccccc} e_1 & e_2 & e_3 & e_4 & e_5 & e_6 \end{array} \\ \begin{bmatrix} 1 & 1 & 0 & 0 & 0 & 0 \\ 1 & 0 & 1 & 1 & 0 & 0 \\ 0 & 0 & 0 & 1 & 1 & 0 \\ 0 & 0 & 0 & 0 & 1 & 1 \\ 0 & 1 & 1 & 0 & 0 & 1 \end{bmatrix} \end{array}$$

从关联矩阵看图的性质：

(1) 每列只有两个(因为每条边只关联两个结点).

(2) 每行中 1 的个数为对应结点的度数.

注意：如果结点 v_i 关联边 e_j 是一个环，那么 $a_{ij}=2$.

3.3.3 邻接矩阵的乘积

在实际应用中(如电话网络)，有时只关心从一个结点到另一个结点是否有路可到达，而不关心路有多长. 通过邻接矩阵的乘积可求出结点 v_i 与结点 v_j 之间度数一定的路有几条.

例 3-14

求图 3-13 的邻接矩阵 $\boldsymbol{A}(G)$，$\boldsymbol{A}^2(G)$，$\boldsymbol{A}^3(G)$.

解

因为 $\boldsymbol{A}(G)=\begin{array}{c} \\ v_1 \\ v_2 \\ v_3 \\ v_4 \\ v_5 \end{array}\begin{array}{c} \begin{array}{ccccc} v_1 & v_2 & v_3 & v_4 & v_5 \end{array} \\ \begin{bmatrix} 0 & 1 & 0 & 0 & 1 \\ 1 & 0 & 1 & 0 & 1 \\ 0 & 1 & 0 & 1 & 0 \\ 0 & 0 & 1 & 0 & 1 \\ 1 & 1 & 0 & 1 & 1 \end{bmatrix} \end{array}$；

所以$\boldsymbol{A}^2(G)=(\boldsymbol{A}(G))^2=\boldsymbol{A}(G)\cdot\boldsymbol{A}(G)$

$$=\begin{bmatrix}0&1&0&0&1\\1&0&1&0&1\\0&1&0&1&0\\0&0&1&0&1\\1&1&0&1&1\end{bmatrix}\times\begin{bmatrix}0&1&0&0&1\\1&0&1&0&1\\0&1&0&1&0\\0&0&1&0&1\\1&1&0&1&1\end{bmatrix}$$

$$=\begin{bmatrix}2&1&1&1&2\\1&3&0&2&2\\1&0&2&0&2\\1&2&0&2&1\\2&2&2&1&4\end{bmatrix}$$

$\boldsymbol{A}^3(G)=(\boldsymbol{A}(G))^3=(\boldsymbol{A}(G))^2\cdot\boldsymbol{A}(G)$

$$=\begin{bmatrix}2&1&1&1&2\\1&3&0&2&2\\1&0&2&0&2\\1&2&0&2&1\\2&2&2&1&4\end{bmatrix}\times\begin{bmatrix}0&1&0&0&1\\1&0&1&0&1\\0&1&0&1&0\\0&0&1&0&1\\1&1&0&1&1\end{bmatrix}$$

$$=\begin{bmatrix}3&5&2&2&6\\5&3&5&2&8\\2&5&0&4&3\\3&2&4&1&6\\6&8&3&6&9\end{bmatrix}$$

在$\boldsymbol{A}^2(G)$中，$(a_{24})^2=2$表示从v_2到v_4有2条长度为2的路：$v_2v_3v_4$，$v_2v_5v_4$；

在$\boldsymbol{A}^2(G)$中，$(a_{32})^3=5$表示从v_3到v_2有5条长度为3的路：$v_3v_2v_1v_2$，$v_3v_2v_5v_2$，$v_3v_4v_5v_2$，$v_3v_2v_3v_2$，$v_3v_4v_3v_2$.

其中，$\boldsymbol{A}^2(G)$中次幕2表示路的长度，$(a_{24})^2=2$中的“$=2$”表示有两条路.

一般地，$\boldsymbol{A}^n(G)$中n表示路的长度，矩阵$\boldsymbol{A}^n(G)$中的元素$(a_{ij})^n$的值表示结点v_i到结点v_j路的条数.

3.4 有向图

3.4.1 有向图的定义

对于无向图，边集中的元素都是无序对，若改成有序对，就是下面介绍的有向图.

定义 3.23 每一条边都是有向边的图称为有向图. 有向图 G 是一个二元组 $G=\langle V,E\rangle$，其中，集合 $V\neq\varnothing$，称为 G 的顶点集，V 中元素为顶点或结点；E 是有向边的集合，E 中元素为有向边或有向弧(简称弧).

由定义 3.23 可知，有向图的边 e 是有序对 $\langle v_i,v_j\rangle$，v_i 称为 e 的始点，v_j 称为 e 的终点；当 $v_i=v_j$ 时，称 e 为**环**，它是 v_i 到自身的有向边；两个顶点若有同方向的有向边，则称它们为**平行边**或**重边**. 平行边的边数称为平行边的**重数**. 不含环和平行边的有向图称为**简单有向图**. 有 m 条边的 n 阶有向图称为 (n,m) **有向图**.

例如图 3-14 所示，有向图 $G=\langle V,E\rangle$ 中，$e_8=\langle v_2,v_2\rangle$ 是环，e_1,e_2 为平行边.

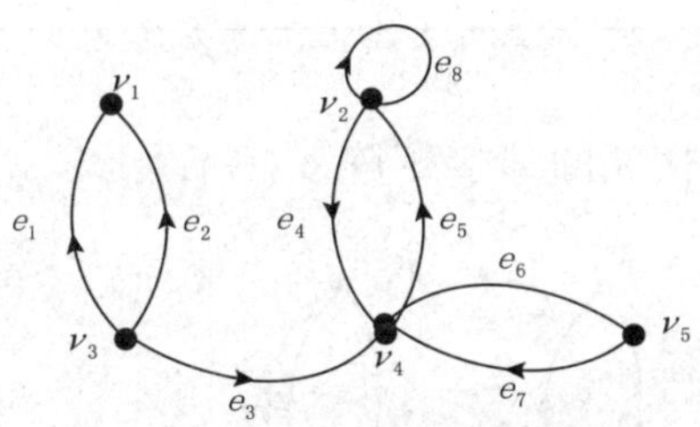

图 3-14

设 $e=\langle v_i,v_j\rangle$ 是有向边，则称结点 v_i 邻接结点 v_j. 与一条有向边相关联的两个顶点称为**邻接的**或**相邻的**. 若一顶点关联于几条弧，则称这些弧是**弧邻接**或**弧相邻**.

定义 3.24 设有向图 $G=\langle V,E\rangle$，称 v_j 作为边的始点的次数之和为 v_j 的**出度**，记作 $\deg+(v_j)$；称 v_j 作为边的终点的次数之和为 v_j 的**入度**，记作 $\deg-(v_j)$；称 v_j 作为边的端点的次数之和为 v_j 的**度数**，记作 $\deg(v_j)$. 显然，

$\deg(v_j)=\deg+(v_j)+\deg-(v_j)$.

那么在图 3-14 中：

入度：$\deg-(v_1)=2$，$\deg-(v_2)=2$，$\deg-(v_3)=0$，$\deg-(v_4)=3$，$\deg-(v_5)=1$；

出度：$\deg+(v_1)=0$，$\deg+(v_2)=2$，$\deg+(v_3)=3$，$\deg+(v_4)=2$，$\deg+(v_5)=1$.

定理 3.6 设有向图 $G=\langle V,E\rangle$，则 G 的所有结点的出度之和等于入度之和.

证明

因为每条有向边必对应一个入度和一个出度，若一个结点具有一个入度或出度，则必关联一条有向边，因此，有向图中各结点的入度之和等于边数，各结点出度之和也等于边数.

证毕

3.4.2 有向图的矩阵表示

1. 有向图的邻接矩阵

定义 3.25 设有向图 $G=\langle V,E\rangle$，$V=\{v_1,v_2,\cdots,v_n\}$，则 n 阶方阵 $\mathbf{A}(G)=(a_{ij})$ 称为 G 的邻接矩阵（也称相邻矩阵），其中：$a_{ij}=\begin{cases}k, & \text{当从 } v_i \text{ 到 } v_j \text{ 邻接有 } k \text{ 条边时} \\ 0, & v_i \text{ 与 } v_j \text{ 不邻接}\end{cases}$.

例 3-15

求图 3-15 中 G 的邻接矩阵 $\mathbf{A}(G)$.

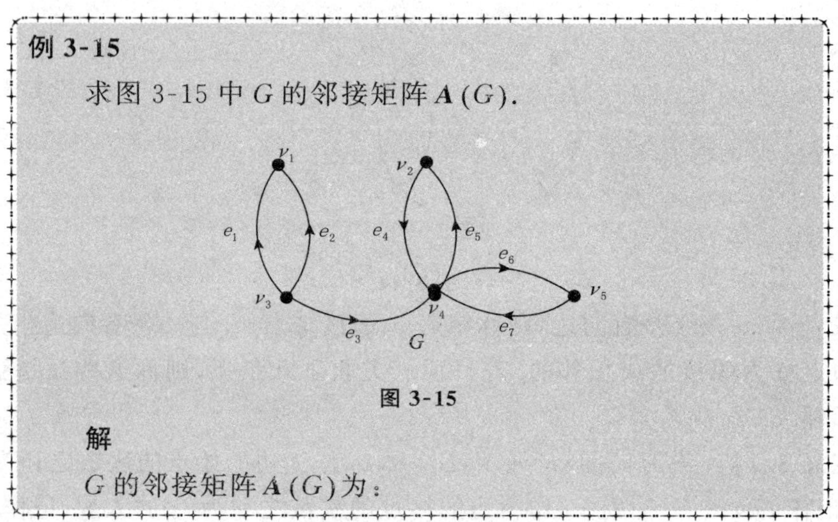

图 3-15

解

G 的邻接矩阵 $\mathbf{A}(G)$ 为：

$$A(G)=\begin{bmatrix}0&0&1&0&0\\0&0&0&1&0\\1&0&0&1&0\\0&1&0&0&1\\0&0&0&1&0\end{bmatrix}$$

2. 有向图的关联矩阵

定义 3.26 设有向图 $G=\langle V,E\rangle$，$V=\{v_1,v_2,\cdots,v_n\}$，$E=\{e_1,e_2,\cdots,e_m\}$，则 $n\times m$ 阶矩阵 $\boldsymbol{M}(G)=(m_{ij})$ 称为 G 的关联矩阵，其中：$m_{ij}=\begin{cases}1, & \text{当 } v_i \text{ 是 } e_i \text{ 的起点时}\\0, & v_i \text{ 与 } e_i \text{ 不关联}\\-1, & \text{当 } v_i \text{ 是 } e_i \text{ 的终点时}\end{cases}$.

注意：当结点 v_i 有环 e_j 时，v_i 既是 e_j 的起点又是它的终点.

例 3-16

求图 3-15 中有向图 $G=\langle V,E\rangle$ 的关联矩阵 $\boldsymbol{M}(G)$.

解

关联矩阵 $\boldsymbol{M}(G)$ 为

$$\boldsymbol{M}(G)=\begin{bmatrix}1&-1&0&0&0&0&0\\0&0&0&1&-1&0&0\\-1&1&1&0&0&0&0\\0&0&-1&-1&1&1&-1\\0&0&0&0&0&-1&1\end{bmatrix}$$

在实际应用中，有时只关心从一个结点到另一个结点是否有路，而不关心路有多长，比如电话网络. 这就促使人们定义了可达矩阵.

3. 有向图的可达矩阵

定义 3.27 设有向图 $G=\langle V,E\rangle$，$V=\{v_1,v_2,\cdots,v_n\}$，则 n 阶方阵 $\boldsymbol{P}(G)=(p_{ij})$ 称为 G 的可达矩阵，其中：$p_{ij}=\begin{cases}1, & v_i \text{ 到 } v_j \text{ 至少有一条路可达}\\0, & \text{否则}\end{cases}$.

可达矩阵的计算方法：可由邻接矩阵 $\boldsymbol{A}(G)$ 得到可达矩阵 $\boldsymbol{P}(G)$，即令 $\boldsymbol{R}=\boldsymbol{A}+\boldsymbol{A}^2+\cdots+\boldsymbol{A}^n$，再从 $\boldsymbol{R}$ 中将不为零的元素均改换为 1，而为零的元素不变，即

$\boldsymbol{P}(G)=\boldsymbol{A}(G)\vee\boldsymbol{A}^2(G)\vee\boldsymbol{A}^3(G)\vee\boldsymbol{A}^4(G)\vee\boldsymbol{A}^5(G)$，这个改换所得的矩阵即为可达矩阵 P.

例 3-17

求图 3-15 中有向图 $G=\langle V,E\rangle$ 的可达矩阵 $\boldsymbol{P}(G)$.

解

由例 3-15 已知邻接矩阵 $\boldsymbol{A}(G)=\begin{bmatrix}0&0&1&0&0\\0&0&0&1&0\\1&0&0&1&0\\0&1&0&0&1\\0&0&0&1&0\end{bmatrix}$. 那么分别求出 $\boldsymbol{A}^2(G)$，$\boldsymbol{A}^3(G)$，$\boldsymbol{A}^4(G)$，$\boldsymbol{A}^5(G)$即可.

$$\boldsymbol{A}^2(G)=\boldsymbol{A}(G)\times\boldsymbol{A}(G)=\begin{bmatrix}1&0&0&1&0\\0&1&0&0&1\\0&1&0&0&1\\0&0&0&1&0\\0&1&0&0&1\end{bmatrix};$$

$$\boldsymbol{A}^3(G)=\boldsymbol{A}^2(G)\times\boldsymbol{A}(G)=\begin{bmatrix}0&1&1&0&0\\0&0&0&1&0\\0&0&0&1&0\\0&1&0&0&1\\0&0&0&1&0\end{bmatrix};$$

$$\boldsymbol{A}^4(G)=\boldsymbol{A}^2(G)\times\boldsymbol{A}^2(G)=\begin{bmatrix}1&0&0&1&0\\0&1&0&0&1\\0&1&0&0&1\\0&0&0&1&0\\0&1&0&0&1\end{bmatrix}=\boldsymbol{A}^2(G);$$

$$A^5(G)=A^2(G)\times A^3(G)=\begin{bmatrix}0&1&1&0&0\\0&0&0&1&0\\0&0&0&1&0\\0&1&0&0&1\\0&0&0&1&0\end{bmatrix}=A^3(G);$$

所以 $P(G)=A(G)\vee A^2(G)\vee A^3(G)\vee A^4(G)\vee A^5(G)$

$$=\begin{bmatrix}1&1&1&1&0\\0&1&0&1&1\\1&1&0&1&1\\0&1&0&1&1\\0&1&0&1&1\end{bmatrix}.$$

3.4.3 有向图的连通性

1. 有向路

定义 3.28 在有向路 $G=\langle V,E\rangle$ 中，若结点和边的交替序列 $v_0e_1v_1e_2v_2\cdots e_nv_n$ 为 G 的 v_0 到 v_n 的有向图，则当 $v_0=v_n$ 时，称该路为**有向回路**. 若有向路(或回路)的所有有向边互不相同，则称为 G 的简单有向路(或简单有向回路). 若所有的有向路的所有结点互不相同，则称为 G 的初级有向路. 若除了起点和终点相同外，其他结点互不相同，则称为 G 的初级有向回路.

定义 3.29 设有向图 $G=\langle V,E\rangle$，$u,v\in V$，如果从 u 到 v 有一条路，则称从 u 到 v 可达结点间的可达关系具有自反性和传递性.

例如图 3-16 所示，有向图 G 中 a 可达到 b 和 d，但是 a 不可达 c.

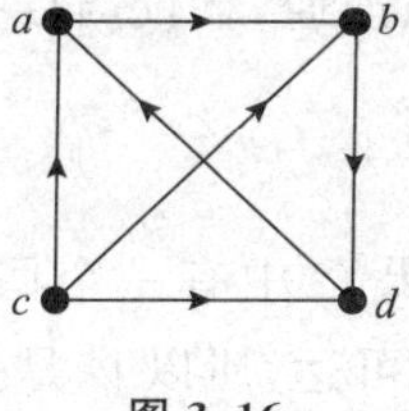

图 3-16

定义 3.30 如果 u 可达 v，可能从 u 到 v 有多条路，其中最短的路的长度称为从 u 到 v 的距离，记作 $d\langle u,v\rangle$.

可达的性质如下：

(1)$d\langle u,v\rangle \geqslant 0$;

(2)$d\langle u,u\rangle = 0$;

(3)$d\langle u,v\rangle + d\langle v,w\rangle \geqslant d\langle u,w\rangle$;

(4) 如果从 u 到 v 不可达,则 $d\langle u,v\rangle = \infty$;

(5) 如果从 u 可达 v,从 v 也可以达 u,但 $d\langle u,v\rangle$ 不一定等于 $d\langle u,v\rangle$.

例如在图 3-16 中,$d\langle a,b\rangle = 1, d\langle a,d\rangle = 2, d\langle a,a\rangle = 0, d\langle b,c\rangle = \infty$.

2. **强连通、单侧连通和弱连通**

定义 3.31 在简单有向图 G 中,如果任何两个结点间相互可达,则称 G 是**强连通**的;如果任何一对结点间,至少有一个结点到另一个结点可达,则称 G 是**单侧连通**(或**单向连通**)的;如果将 G 看成无向图后(即把有向边看成无向边)是连通的,则称 G 是**弱连通**的.

例 3-18

试判断图 3-17 中各图的连通性.

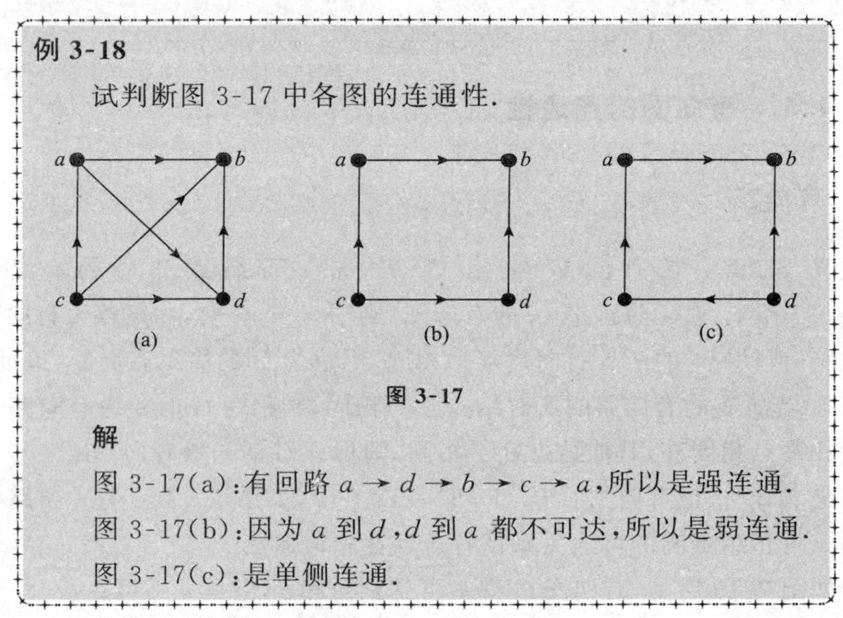

图 3-17

解

图 3-17(a):有回路 $a \to d \to b \to c \to a$,所以是强连通.

图 3-17(b):因为 a 到 d,d 到 a 都不可达,所以是弱连通.

图 3-17(c):是单侧连通.

定理 3.7 若有向图 G 是强连通,且仅当 G 中有一个回路时,此回路至少包含每一个结点一次.

证明

充分性:显然成立.因为如果 G 中有一个回路,它至少包含每一个结点一次,就使得任何两个结点间相互可达,所以 G 是强连通的.

必要性:如果 G 是强连通的,则任何两个结点间相互可达,所以可以构造一个回路经过所有结点,若一个回路不包含某个结点 v,则 v 与回路上的各结点都不相互可达,这与 G 是强连通图矛盾,所以 G 必有回路至少包含每个结点一次.

证毕

用该定理判断 G 是否为强连通，就是看它是否有包含每个结点的一条回路.

3.5 权图中的最优路线

在实际应用中，一些图的边上标有数字，用以表示两结点间的距离或路费等，然后求两点间的最短路径，也就是最优路线. 这是非常有意义的问题.

3.5.1 带权图(赋权图)

定义 3.32 设图 $G=\langle V,E,W\rangle$（W 是图 G 中的实数集合），如果 G 的每条边 e_i 上都标有实数 $c(e)$（$c(e)\in W$），则为这个数边 e_i 的**权**，称图 G 为**带权图**（**或赋权图**）

规定：$u,v\in V$，边 (u,v) 的权记作 $c(u,v)$，并且 $c(u,v)=0$；

如果结点 u 与结点 v 之间不关联，则 $c(u,v)=\infty$.

定义 3.33 带权图 G 中，结点 u 与结点 v 之间的路中所包含的各边权的总和称为该路的长度.

例如图 3-18 所示，路 $a\to b\to d\to z$ 的长度为 15.

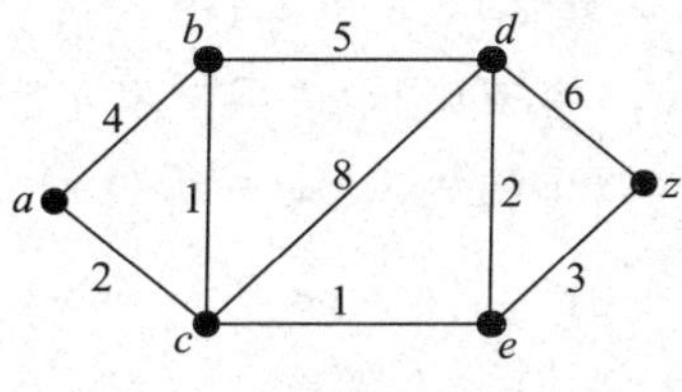

图 3-18

定义 3.34 结点 u 与结点 v 之间的最短路的长度称为结点 u 与结点 v 之间的距离，记作 $d(u,v)$.

如果 G 是有向带权图，称为结点 u 到结点 v 的距离，记作 $d\langle u,v\rangle$.

所以在图 3-18 中，b 到 e 的距离是最短路的权和：$d\langle b,e\rangle=2$. 最短路是：$b\to c\to e$.

3.5.2 带权图中求一个结点到各点的最短路的算法

迪克斯屈拉算法是由荷兰计算机科学教授 Edsger W. Dijkstra 在 1959 年发现的一个算法. 他在 1972 年获得美国计算机协会授予的图灵奖，这是计算机科学中最具声望的奖项之一. 该算法是求出一个连通加权简单图中从结点 a 到 z 的最短路. 边 $\{i,j\}$ 的权 $w(i,j)>0$，且结点 x 的标号为 $L(x)$. 结束时，$L(z)$ 是从 a 到 z 的最短路的长度.

设图 $G=\langle V,E,W\rangle$，集合 $S_i\subseteq V$，$S'_i=V-S_i$，令 $|V|=n$，$S_i=\{u\mid 从\ u_0\ 到\ u\ 的最短路已求出\}$，$S'_i=\{u'\mid 从\ u_0\ 到\ u'\ 的最短路未求出\}$

迪克斯屈拉算法如下：(求从 u_0 到各点 u 的最短路长)

(1) 置初值 $d\langle u_0,u_0\rangle=0$，$d\langle u_0,v\rangle=\infty$(其中 $v\neq u_0$)，$i=0$，$S_0=\{u_0\}$，$S'_0=V-S_0$.

(2) 若 $i=n-1$，则停止；否则，转(3).

(3) 对每个 $u'\in S'_i$，$d(u_0,u')=\underset{u_i\in S_i}{\mathrm{Min}}\{d(u_0,u'),d(u_0,u_i)+c(u_i,u')\}$

计算 $\underset{u_i\in S_i}{\mathrm{Min}}\{d(u_0,u')\}$，并记下达到最小值的那个点 u'. 置 $S_{i+1}=S_i\cup\{u_{i+1}\}$，$i=i+1$，$S'_i=V-S_i$，转(2).

例 3-19

求图 3-18 中 a 到 z 之间的最短路.

解

依据迪克斯屈拉算法的步骤进行：

(1) 第 0 次迭代(初始化)：$L(a)=0$

$L(b)=L(c)=L(d)=L(e)=L(z)=0$

$S=\varphi$;

(2) 第 1 次迭代：

$u=a$，$s=\{a\}$

$L(a)+w(a,b)=0+4=4<L(b)$，$L(a)+w(a,c)=0+2=2<L(c)$，

$L(a)+w(a,d)=0+\infty=\infty, L(a)+w(a,e)=0+\infty=\infty$,

$L(a)+w(a,z)=0+\infty=\infty$

$L(b)=4, L(c)=2, L(d)=L(e)=L(z)=\infty$

(3) 第 2 次迭代：

$u=c, s=\{a,c\}$

$L(c)+w(c,b)=2+1=3<L(b), L(c)+w(c,d)=2+8=10<L(d)$,

$L(c)+w(c,e)=2+10=12<L(e), L(c)+w(c,z)=2+\infty=\infty$

$L(b)=3, L(d)=10, L(e)=12, L(z)=\infty$

(4) 第 3 次迭代：

$u=b, s=\{a,c,b\}$

$L(b)+w(b,d)=3+5=8<L(d), L(b)+w(b,e)=3+\infty=\infty$,

$L(b)+w(b,z)=3+\infty=\infty$

$L(d)=8, L(e)=12, L(z)=\infty$

(5) 第 4 次迭代：

$u=d, s=\{a,c,b,d\}$

$L(d)+w(d,e)=8+2=10<L(e), L(d)+w(d,z)=8+6=14<L(z)$

$L(e)=10, L(z)=14$

(6) 第 5 次迭代：

$u=e, s=\{a,c,b,d,e\}$

$L(e)+w(e,z)=10+3=13<L(z)$

$L(z)=13$

(7) 结束：

$u=z, s=\{a,c,b,d,e,z\}$

所以，从 a 到 z 的最短路的长度为 13，最短路为 $a\to c\to b\to d\to e\to z$.

3.6　欧拉图与哈密顿图

在图论的理论研究和应用过程中，很多时候需要以一种特殊的方式对图进行遍历。例如，有时需要经过每条边恰好一次的迹或回路；有时我们需要经过每个结点恰好一次的路或圈。在本节中，我们将详细讨论这些问题。

3.6.1　欧拉图

对于欧拉图，可以遍历其每条边恰好一次再回到出发点。首先来看一下此问题的历史背景。

1. 多重图

在很多情况中，我们都允许在给定的一对结点间存在多条边，例如，在一幅航线图中，城市亚特兰大和城市 P 间有 3 条边代表两个城市间有 3 条航线。关联于同一对结点间的多条边称为多重边。允许出现多重边的结构称为多重图。

注意：当计算机多重图中一给定结点的度时，要将与该结点关联的每一条边都计算在内。

2. 哥尼斯堡七桥问题

几乎所有图论著作都要介绍哥尼斯堡七桥问题，这是瑞士著名的天才数字家欧拉(Leonhard Euler)发表的图论历史上的第一篇论文。普雷格尔河横穿哥尼斯堡城，在陆地与河心两个小岛之间架有七座桥，如图 3-19 所示。一个有趣的问题是：是否一个人能从城里某个地方出发，经过每座桥一次且仅一次，然后回到原来出发的地方？

欧拉把这个问题抽象成如图 3-20 所示的图形，该图中结点 A、B、C、D 分别表示四块陆地，两块陆地之间的桥用对应点之间的一边表示。于是哥尼斯堡七桥问题就等价于该图中是否存在经过每边一次且仅一次的闭迹(回)问题。欧拉通过研究，对上述问题给出了否定回答。

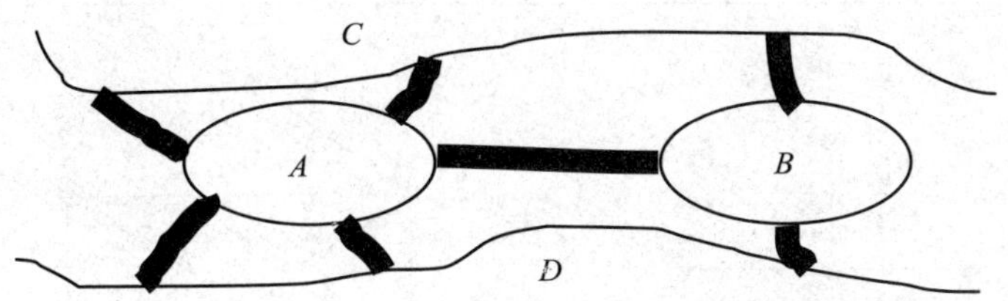

图 3-19

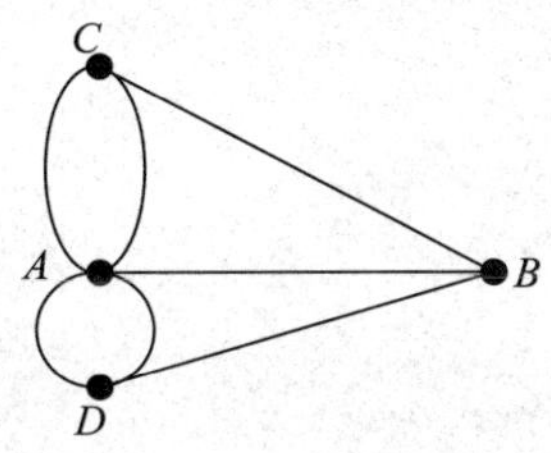

图 3-20

3. 欧拉图的定义

定义 3.35 给定无孤立结点的无向图 G,经过图 G 每边一次且仅一次的迹称为**欧拉路**. 经过图 G 每边一次且仅一次的回称为**欧拉回路**.

定义 3.36 给定有向图 D,经过 D 中每边一次且仅一次的有向迹称为**有向欧拉路**. 经过图 D 每边一次且仅一次的有向闭迹(回)称为**有向欧拉回路**.

定义 3.37 含欧拉回路的无向连通图与含有向欧拉回路的弱连通有向图,统称为**欧拉图**,即存在一条回路.

与哥尼斯堡七桥问题非常相似的有趣问题是中国古代的一笔画问题,即要求用笔连续移动,不离开纸面并且不重复地画出图形. 例如能否一笔画出如图 3-21 所示的图形?

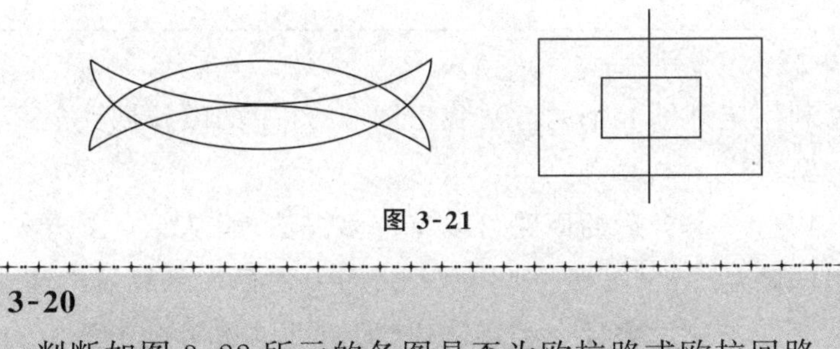

图 3-21

例 3-20

判断如图 3-22 所示的各图是否为欧拉路或欧拉回路.

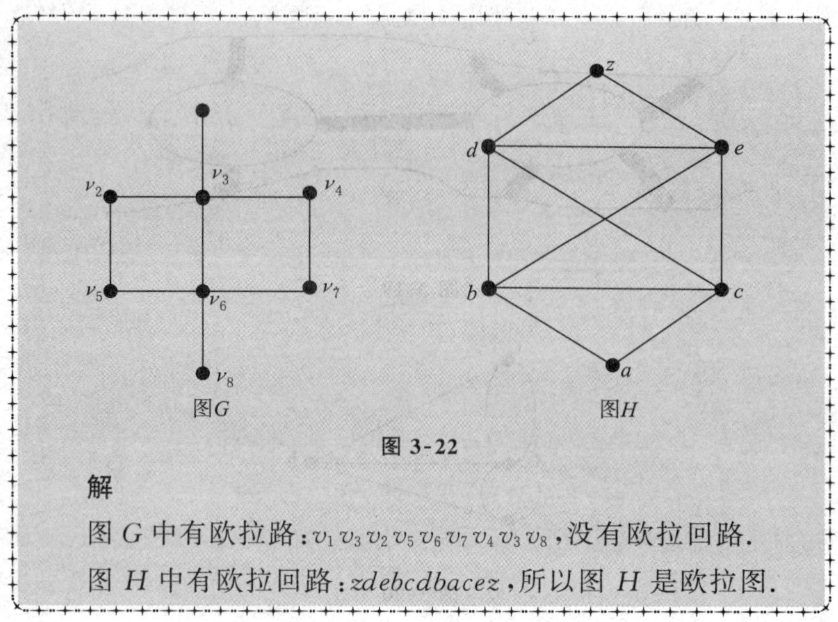

图 3-22

解

图 G 中有欧拉路：$v_1v_3v_2v_5v_6v_7v_4v_3v_8$，没有欧拉回路.

图 H 中有欧拉回路：$zdebcdbacez$，所以图 H 是欧拉图.

4. 欧拉路与欧拉回路的判定

欧拉注意到哥尼斯堡多重图中每个结点的度为奇数. 因此，哥尼斯堡多重图中的任何结点都不能作为起始结点，因为回路都是从某个结点出发回到该结点，然后再从该结点出发再返回，如此循环往复，那么这个起始结点的度应是偶数. 类似地，哥尼斯堡多重图中的任何结点都不能作为中间结点，因为回路都是进入某个结点后离开，然后再进入另一个结点再离开，如此循环往复，那么这些中间结点的度也应是偶数.

由此，欧拉得出了存在欧拉回路的一个必要条件，即每个结点的度为偶数. 这个条件后来又被证明是充分的，如此得出下面非常有用的定理.

定理 3.8 图 G 是欧拉路，当且仅当 G 是连通的且每个结点的度为偶数.

例 3-21

利用定理 3.8 中的方法找出图 3-23 中的欧拉回路.

解

构造一条合适的回路可以有许多方法. 设从结点 a 开始构造出回路 $C_1 = a,d,b,f,d,g,e,a$. 因为还存在未经过的边，但已不存在与 a 关联且未经过的边，那么可以从结点 f 开始构造

出回路 $C_2=f,h,c,g,b,e,c,f$. 接着可以构造出第 3 条回路 $C_3=h,i,j,h$. 如此，所有的边都已经过. 然后，在回路 C_1 第 1 次出现结点 f 的地方插入 C_2，得到回路 a,d,b,C_2,d,g,e,a 即 $a,d,b,f,h,c,g,b,e,c,f,d,g,e,a$. 再在第 1 次出现 h 的地方插入 C_3，得到回路 $a,d,b,f,C_3,c,g,b,e,c,f,d,g,e,a=a,d,b,f,h,i,j,h,c,g,b,e,c,f,d,g,e,a$ 即为所求的欧拉回路.

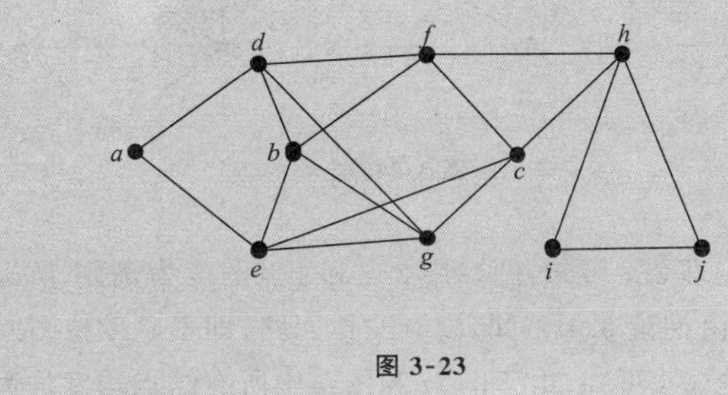

图 3-23

若图 3-23 中恰有两个结点的度为奇数，那么，图中一定不存在欧拉回路. 但令人感到安慰的是图中存在一条欧拉迹，即存在一条遍历该多重图每条边恰好一次的迹. 像这样的多重图称为**半欧拉图**. 若一个图是欧拉图或半欧拉图，那么就称该图为**可遍历的**. 当然，半欧拉图中的欧拉迹不是闭迹，因为它起始于一个结点而终止于另一个结点，这是很容易证明的. 设其中两个度为奇数的结点为 x、y，在它们之间加入 1 条边 e(也许它们之间已经存在其他的边)，如此得到的新图(或多重图)中的结点 x、y 及其他结点的度都是偶数，由此推出此多重图为欧拉图，可以从中找到欧拉回路，然后将边 e 删去，就可以得到要求的欧拉迹. 若 G 存在多于两个的奇结点，那么 G 中就不存在欧拉迹，因为迹中只有起始结点和终止结点的度才可以为奇数. 由此，我们得到下面的结论.

推论 3.1 图 G 是半欧拉图当且仅当 G 恰有两个结点的度为奇数. 而且，图中的欧拉迹一定起始于一个奇结点，终止于另一个奇结点.

那么从推论 3.1 可知在图 3-20 中，七桥问题的图不是欧拉图，因为它的每个结点的度数是奇数.

例 3-22

判断图 3-24 中的各图是否是欧拉图.

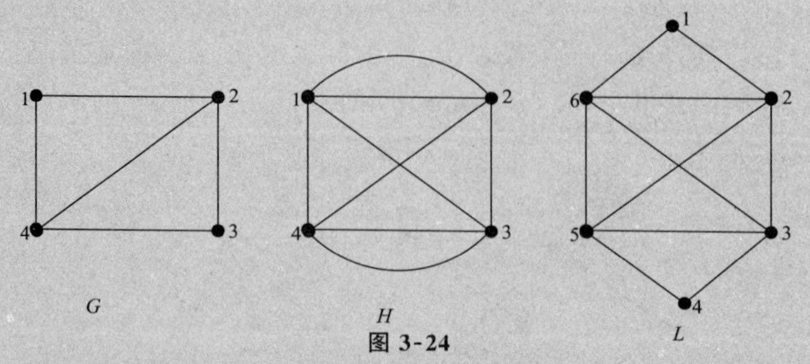

图 3-24

解

根据定理 3.8 可知，图 G 中 2 点和 4 点的度为奇数，所以有欧拉路，又由推论 3.1 可知，没有欧拉回路，即不是欧拉图.

由推论 3.1 可知，由于图 H 和图 L 中所有结点均度均为偶数，所以有欧拉回路，即欧拉图.

欧拉图在现实生活中有着广泛的应用，例如，为邮递车、垃圾回收车、扫雪车等设计合适的路线.下面来看看设计扫雪车的路线图应用.

例 3-23

设某城市的街道布置如图 3-25 所示.每条边代表一个特定街道的一段街区，每个结点代表街区间的交点.扫雪车车库位于结点 d.证明存在一条路线使得扫雪车清扫每个街区恰好一次且清扫完最后一个街区正好返回车库.为这个扫雪车找出完成此任务的路线.

解

首先应注意到图 3-25 所示的城市街道布局图是连通且每个结点的度都是偶数，由定理 3.8 可以推出图中存在欧拉回路.而图 3-25 是城市街道布局的模型图，所以，可以推出存在一条使得扫雪车经过每个街区恰好一次最后回到车库的路线.为了找到这条合适的路线，采用与例 3-21 同样的方法来组合回路. 从扫雪车所在的结点 d 开始，构造第 1 条回路 $C_1 = d,b,c,d,h,e,d$，然后构造出回路 $C_2 = c,e,a,h,f,a,c$，最后构造出回路 $C_3 = b,g,h,b$. 再将它们按照如下方式进行组合：用回路 C_2 来替代 C_1 中的结点 c 得到 $d,b,C_2,d,h,e,d = d,b,c,e,a,h,f,a,c,d,h,e,d$. 然后用回路 C_3 来替代结点 b 得到回路 $d,C_3,c,e,a,h,f,a,c,d,h,e,d = d,b,g,h,b,c,e,a,h,f,a,c,d,h,e,d$. 这即是扫雪车驾驶员能完成任务的一种可能的路线.

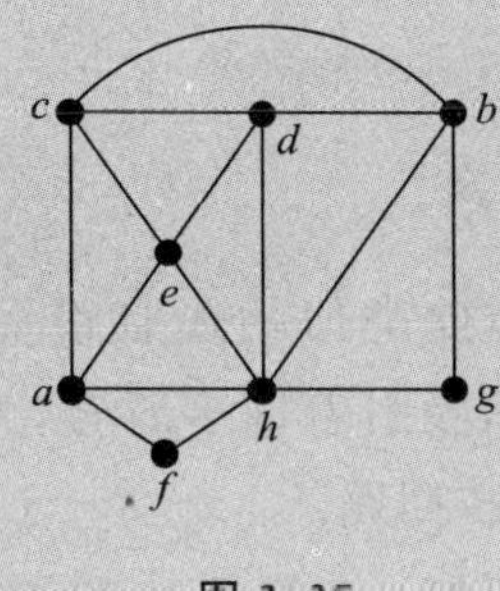

图 3-25

3.7 哈密顿图

在上一节中，我们讨论学习了遍历图的每条边恰好一次的问题. 在其他应用中，需要遍历每个结点恰好一次，在本节中，我们就来讨论此问题.

与“七桥问题”同样有趣的是“周游世界”问题. 这是著名的爱尔兰数学家哈密顿(William Rowan Hamilton) 在 1857 提出的一个游戏：能不能在图 3-26 所示的十二面体图中找到一条圈，使它经过图中每个结点一次且仅一次.

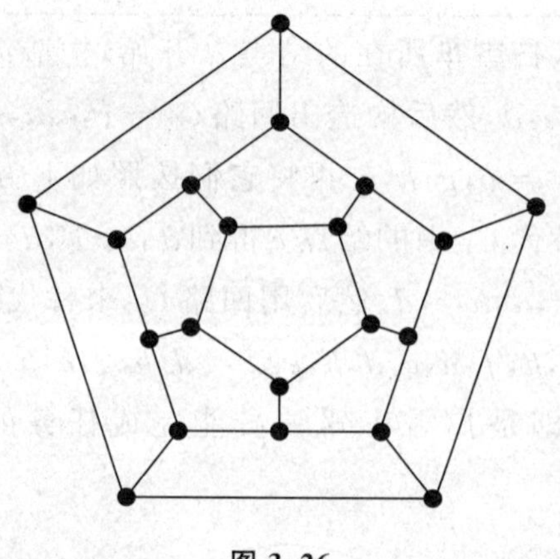

图 3-26

3.7.1 哈密顿图的定义

哈密顿回路，简称 H 图. 与此类似的还有很多，比方说某城市的所有交叉路口都有形象各异的精美雕塑，吸引着许多游客，人人都想找到这样的路径：游遍各个景点再回到出发点，即 H 回路.

定义 3.38 设无向有限图 $G=(V,E)$，通过 G 中每个结点恰好一次的回路称为**哈密顿路**. 若存在一条闭路，通过 G 中每个结点恰好一次的回路称为**哈密顿回路**.

定义 3.39 设有向有限图 $D=\langle V,E\rangle$，通过 D 中每个结点恰好一次的回路称为**哈密顿有向路**. 若存在一条闭路，通过 D 中每个结点恰好一次的回路称为**哈密顿有向回路**.

定义 3.40 具有哈密顿回路的无向图与具有哈密顿有向回路的有向图，统称为**哈密顿图**.

对于完全图 $K_n(n\geqslant 3)$，由于 K_n 中任意两个顶点之间都有边，从 K_n 的某一顶点开始，总可以遍历所有结点后，再回到该结点，因而 $K_n(n\geqslant 3)$是哈密顿图.

3.7.2 哈密顿路与哈密顿回路的判定

哈密顿问题，即判断一个给定的图是否是哈密顿图，是略论中尚未解决的难题之一. 也就是说，到目前为止并没有判定 H 图的充分必要条件.

定理 3.9 （充分条件）设完全图 G，则 G 是 H 图.

例如图 3-27 中所示，两个图都是哈密顿图.

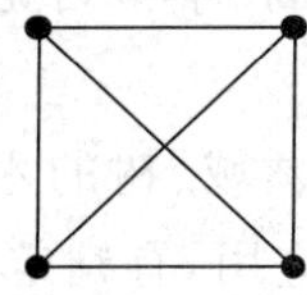
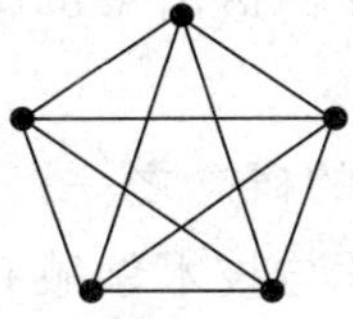

图 3-27

定理 3.10　（必要条件）若设无向有限图 $G=(V,E)$ 有 H 回路，则对于 V 的每个非空子集 S，均有 $w(G-S)\leqslant|S|$. 其中 $w(G-S)$ 表示从 G 中删去 S 中所有结点及与这些结点关联的边所得到的子图的连通分支数；$|S|$ 表示非空有限子集 S 中的元素个数.

用此定理可以判断一个图不是 H 图（逆否命题）：若 $w(G-S)\leqslant|S|$，则 G 不是 H 图.

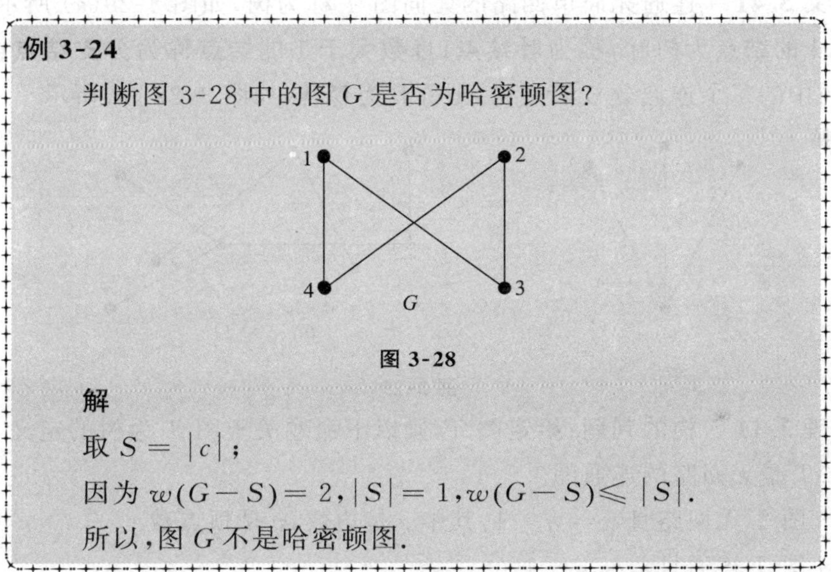

例 3-24

判断图 3-28 中的图 G 是否为哈密顿图？

图 3-28

解

取 $S=|c|$；

因为 $w(G-S)=2,|S|=1,w(G-S)\leqslant|S|$.

所以，图 G 不是哈密顿图.

3.8　树

当人们用图来模拟某个系统时，常常遇到这种系统，代表该系统的模拟图不含圈. 例如，城市供水、供电系统就是这样的系统. 若把该供水系统中所有的阀门或供电系统中所有的开关作为模拟图的顶点，而把供水管道或供电线路作为模拟图的边，则这样构造出来的模拟图不含圈.本节讨论这样一种特殊类型的图，即树.

树是图论中重要的概念之一，应用在很多领域.树的术语起源于植物学和家谱学.在计算机科学与技术领域有着广泛的应用，有判定树、语法树、分类树、搜索树、目录树等，而二叉树更是程序设计中的一种基本的数据结构.用树构造存储和传输数据的有效编码，用树构造最便宜的电话线连接分布式计算机网络，用树模拟一系列决策完成的过程，等等，都是很好地应用实例.

3.8.1 树的概念及其相关的概念

1. 树的定义

定义 3.41 连通无简单回路的无向图 T 称为**树**，如图 3-29(a) 所示.树中度数为 1 的结点为树叶，称为**叶结点**；度数大于 1 的结点称为**分支结点**或内结点.若树中的每个连通分枝都是树，则称其为**森林**，如图 3-29(b) 所示.

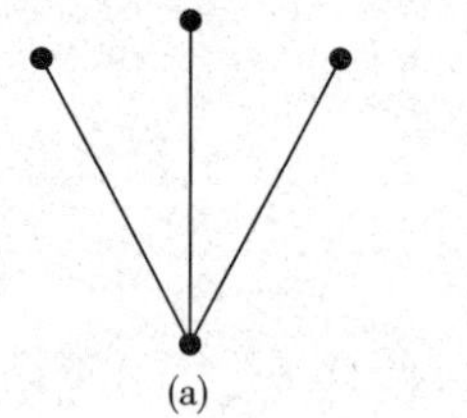
(a)

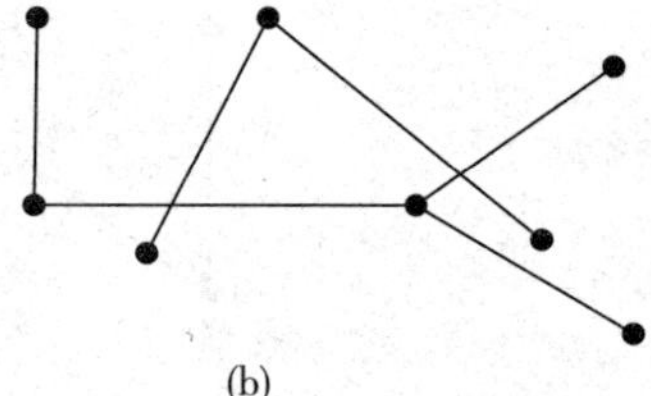
(b)

图 3-29

定理 3.11 **树的判别**：给定图 T，则以下命题关于图 T 为树的定义等价.

(1) T 是无回路的连通图.

(2) 图 T 无回路且 $e = n - 1$，其中 e 是边数，v 是顶点数.

(3) 图 T 连通且 $e = n - 1$.

(4) 图 T 无回路，若增加一条新边，得到且仅得到一个回路.

(5) 图 T 连通，但删去任一边后图便不连通($v \geqslant 0$).

(6) 图 T 的每一对顶点之间有且仅有一条路($v \geqslant 0$).

2. 生成树

定义 3.42 给定一个无向图 G，若 G 的一个生成子图 T 是树，则称 T 为 G 的生成树或支撑树.T 的边称为树枝.

例如图 3-30 中粗边所示的就是生成树.

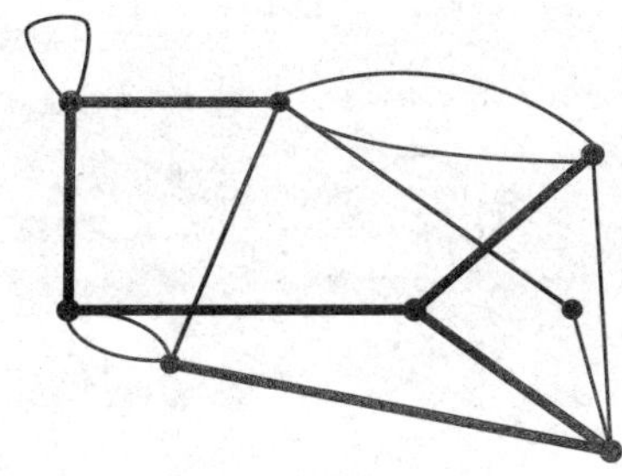

图 3-30

定理 3.12 任何连通图至少有一棵生成树.

证明

如果 G 中无回路,则 G 本身就是树;如果 G 中有回路,则可以通过反复删去回路中的边,使之既无回路,又连通,就得到生成树.

证毕

例 3-25

请找出图 3-31 中带标记的图 G 的所有生成树.

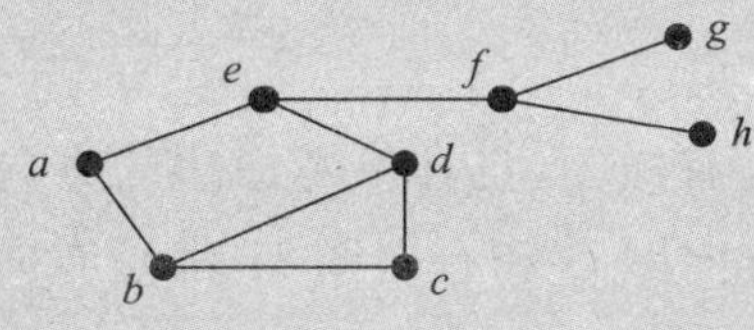

图 3-31

解

首先来确定图 G 的生成树数目. 因为图 G 有 8 个结点、9 条边,所以要删除两条边. 应注意,边 $e-f$、$f-g$ 和 $f-h$ 必须保留,而且至多能从边 $a-b$、$a-e$ 和 $d-e$ 中删除 1 条,否则图 G 就会变成非连通的.

第一种做法,保留边 $a-b$、$a-e$ 和 $d-e$,删除 $b-d$,并且从 $c-d$ 和 $b-c$ 中删除 1 条;第二种做法,删除 $a-b$、$a-e$ 和 $d-e$ 其中的 1 条,然后删除三角形 bcd 的 1 条边. 在前一种做法中有两种选择,所以可以产生 2 棵生成树;在后一种做法中,对边 $a-b$、$a-e$ 和 $d-e$ 有 3 种选择,三角形 bcd 有 3 条边,故又有 3 种选择,根据乘法原理,得可以产生 $3\times3=9$ 棵生成树. 因此,图 G 共有 11 棵生成树,如图 3-32 所示.

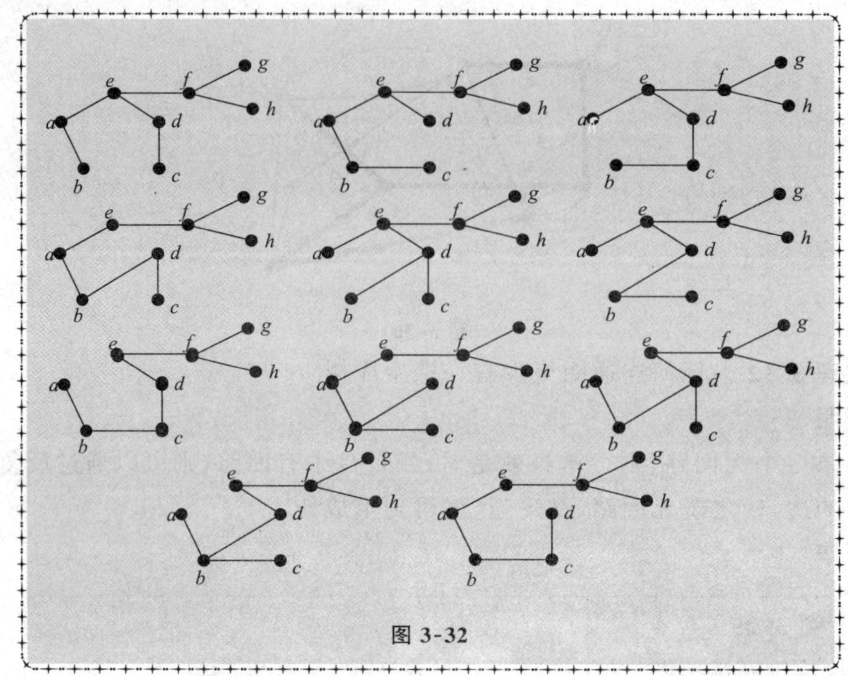

图 3-32

3.8.2 有向树

定义 3.43 如果 G 是有向图，且在不考虑边的方向时是一棵树，则称 G 是有向树，例如，图 3-33 中有向图 G 和有向图 H 都是有向图.

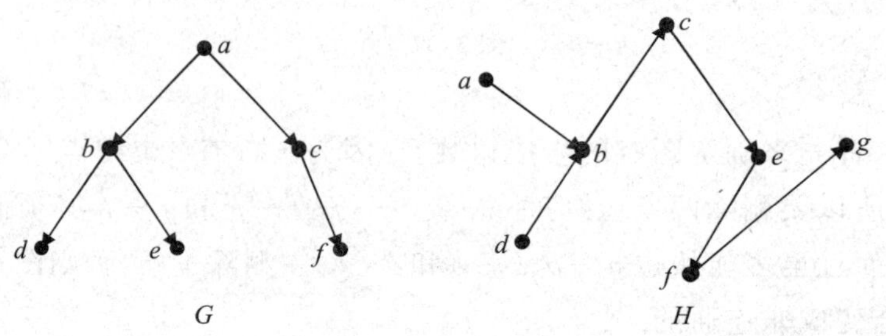

图 3-33

定义 3.44 如果一棵有向树恰有一个结点的入度为 0，其余所有结点的入度均为 1，则称此树为**根树**. 入度为 0 的结点称为**根**，出度为 0 的结点称为**叶**，出度不为 0 的结点称为**分支结点**. 如果 (v_i, v_j) 是树中的一条边，则称 v_i 是 v_j 的父结点，v_j 是 v_i 的子结点. 从树根到任一顶点的通路(顶点不同的路) 的长度称为顶点的层数；层数最大的顶点的层数称为**树高**.

例如图 3-33 中的图 G 就是根树，a 是根，d、e、f 是叶，树高为 3.

定义 3.45 如果树 T 的每个点 v 最多有两棵子树,则称 T 为**二叉树**. 如果两棵树全出现,则左边的一棵子树称为**左子树**,右边的一棵子树称为**右子树**. 如果一棵根树的每个分枝点都有两棵子树,则称该树为**完全二叉树**. 图 3-33 中的图 G 是二叉树.

3.9 二叉树的遍历问题

访问二叉树的所有点,并且每个点恰好被访问一次,这就是二叉树的遍历问题,有三种遍历方式,下面分别介绍.

3.9.1 先根次序遍历

先根次序遍历的次序是:

(1) 访问根结点.

(2) 遍历左子树.

(3) 遍历右子树.

注意:每棵子树上都按照先根,其次左子树,再次右子树的次序遍历.

例 3-26

求图 3-34 所示二叉树的"先根次序遍历"的访问次序.

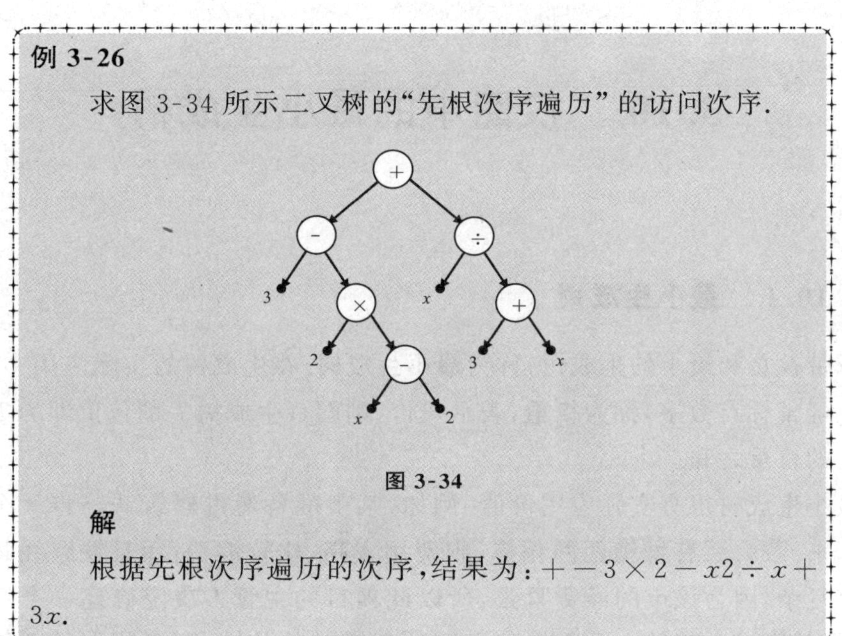

图 3-34

解

根据先根次序遍历的次序,结果为: $+-3\times 2-x2\div x+3x$.

3.9.2 中根次序遍历

中根次序遍历的次序是：

(1) 遍历左子树.

(2) 访问根结点.

(3) 遍历右子树.

注意：每棵子树上都按照左子树，其次根结点，再次右子树的次序遍历.

那么以图 3-34 为例，对其二叉树点按“中根次序遍历”进行访问，结果次序为：$3-2\times x-2+x\div 3+x$.

3.9.3 后根次序遍历

后根次序遍历的次序是：

(1) 遍历右子树.

(2) 遍历左子树.

(3) 访问根结点.

注意：每棵子树上都按照左子树，其次右子树，再次根结点的次序遍历.

同样以图 3-34 为例，对其二叉树点按“后根次序遍历”进行访问，结果次序为：$32x2-\times- x3x+\div+$.

3.10 权图中的最小生成树

3.10.1 最小生成树

所带权总和最小的生成树，称为**最小生成树**. 在生成树的实际应用中，其每条边上经常标有数字，称为**权重**，表示代价，则图 G 生成树 T 的代价即为 T 的所有边上的权重之和.

最小生成树很有实际应用价值. 例如，某市准备通过修筑铁路将 8 个城镇连接起来. 若将所有城镇两两相连，则费用太高，比较浪费；而且铁路线将会非常错综复杂. 因为该市的经费紧张，所以此项目的主管人决定修建一个铁路系统，使得任意一个镇的人乘火车可以到达任意其他的镇，而且他们的开销是最小的. 为了达到这两个目的,该铁路系统应是树的结构.

3.10.2 求最小生成树的算法

克鲁斯卡尔(Kruskal)算法(避圈法):

(1) $S=\varnothing$.

(2) 在已排好序的表 L 中的下一条边 e,若 $e\notin S$ 且边导出子图 $\langle S\cup\{e\}\rangle$ 是无圈图,则令 $S=S\cup\{e\}$.

(3) 若 $|S|=n-1$,算法停止,输出集合 S. 否则,转第(2)步,继续遍历表 L.

例 3-27

图 3-35 所示为世界上六大城市:伦敦(L)、墨西哥(MC)、纽约(NY)、巴黎(PA)、北京(BJ)、东京(J)之间的航线距离的权图,用 Kruskal 算法,可求出连线此六城市的最短距离的航线网.

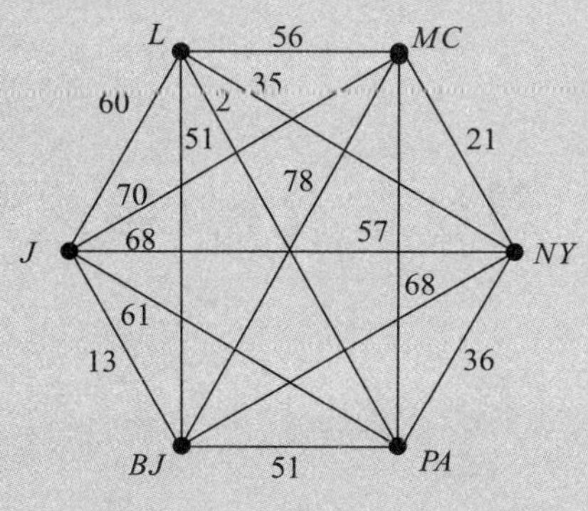

图 3-35

解

(1) 选取最小权的边 (L,PA),其权 $w(L,PA)=2$.

(2) 对于边 (J,BJ),其权 $w(J,BJ)=13$.

(3) 对于边 (MC,NY),其权 $w(MC,NY)=21$.

(4) 对于边 (L,NY),其权 $w(L,NY)=35$.

(5) 对于边 (L,BJ),其权 $w(L,BJ)=51$.

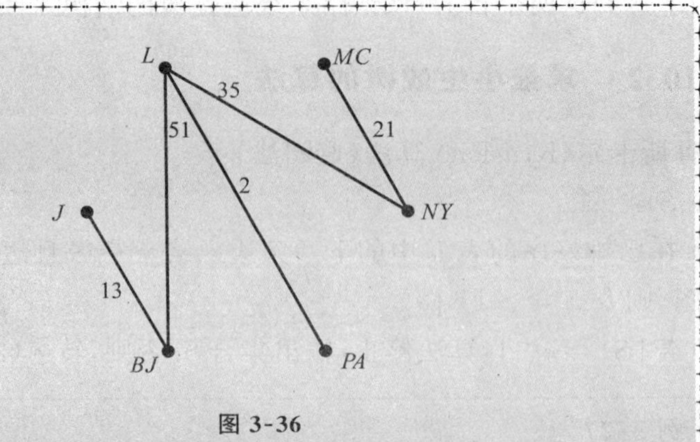

图 3-36

则图 3-36 就是所求的最优支撑树，即连接此六大城市的最短距离的航线网．其最小权和为 $2+13+21+35+51=122$．

注意：每次并入边时应遵循：① 并入的边是余下的边中权最小的；② 不够成回路；③ 连通的．

3.11　最优二叉树(哈夫曼树)

3.11.1　最优树

定义 3.46　带权树中，权数最少的二叉树称为**最优二叉树**，也称为**最优树**(或**哈夫曼树**)．

3.11.2　画最优树的算法 —— 哈夫曼算法

给定一组权 $w_1, w_2, w_3, \cdots, w_m$：

(1) 先仅按照升序排序，设 $w_1 \leqslant w_2 \leqslant w_3 \cdots \leqslant w_m$．

(2) 以 w_1 和 w_2 为子结点，构成它们的父结点，且其权为 w_1+w_2，并从权的序列中去掉 w_1 和 w_2．

(3) w_1+w_2 再与其余权一起排序，再从此队列中取出前面两个权值为子结点，按照(2) 的方法构造它们的父结点．

依次类推，直到最后，即得到最优树．

最优树最小权值的计算，设具有权值 w_i 的结点所在的层数为 n_j，则最优树的最小权值等于 $\sum w_i n_j$.

例 3-28

若给定一组权：2,3,5,7,11,13,17,19,23，请构造一棵最优树.

解

(1) 从 2,3,5,7,11,13,17,19,23 中选 2,3 为最低层结点，并且从权树中删去，再添上他们的和数，即 5,5,7,11,13,17,19,23.

(2) 从 5,5,7,11,13,17,19,23 中选 5,5 为倒数第 2 层结点，并且从(1) 权树中删去，再添上他们的和数 10，即 7,10,11,13,17,19,23.

(3) 从 7,10,11,13,17,19,23. 中选 7,10 为倒数第 3 层结点，并且从(2) 权树中删去，再添上他们的和数 17，即 11,13,17,17,19,23.

(4) 从 11,13,17,17,19,23. 中选 11,13 和 17,17 为倒数第 4 层结点，并且从(3) 权树中删去，再添上他们的和数 24 和 34，即 19,23,24,34.

(5) 将 19,23,24,34 作为倒数第 5 层结点，并从(4) 权树中删去，再添上它们的和数 42 和 58，即 42 和 58.

(6) 将 42,58 作为倒数第 6 层结点，构造它们的父结点，即它们的和数 100.

如此就得到了最优二叉树，如图 3-37 所示.

该最优二叉树的权值为

$$2\times 6+3\times 6+5\times 5+7\times 4+11\times 3+13\times 3+17\times 3+19\times 2+23\times 2$$
$$=12+18+25+28+33+39+51+38+46=290$$

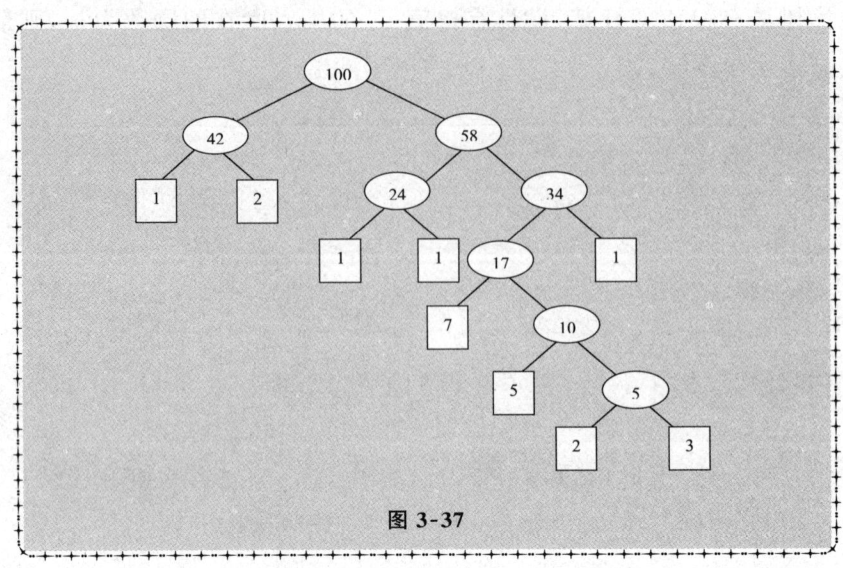

图 3-37

习题 3

1. 图 $G=\langle V,E\rangle$，其中 $V=\{a,b,c,d,e\}$，

$E=\{(a,b),(a,c),(a,e),(b,d),(b,e),(c,e),(c,d),(d,e)\}$，试画出 G 的图形.

2. 已知图 G 中有 1 个 1 度结点、2 个 2 度结点、3 个 3 度结点、4 个 4 度结点、求 G 的边数.

3. 设无向图中有 6 条边，3 度与 5 度结点各 1 个，其余的都是 2 度结点，问该图中有几个结点？

4. 已知图 G 的邻接矩阵为 $\begin{bmatrix} 0 & 1 & 0 & 1 & 1 \\ 1 & 0 & 0 & 0 & 1 \\ 0 & 0 & 0 & 1 & 1 \\ 1 & 0 & 0 & 0 & 1 \\ 1 & 1 & 1 & 1 & 0 \end{bmatrix}$，求 G 的点数和边数.

5. 设有 7 个人，记作 a,b,c,d,e,f,g. 已知：a 会讲汉语和英语，b 会讲英语，c 会讲英语、意大利语和俄语，d 会讲汉语和西班牙语，e 会讲德语和意大利语，f 会讲法语、西班牙语和俄语，g 会讲法语和德语. 试问这 7 个人怎么排序可以实现相互交流?为什么?

6. 判断图 3-38 中图分别是哪类连通图.

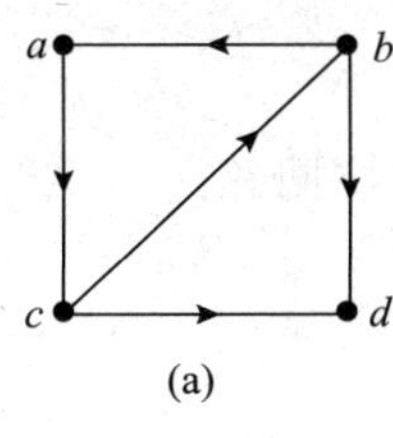

(a)

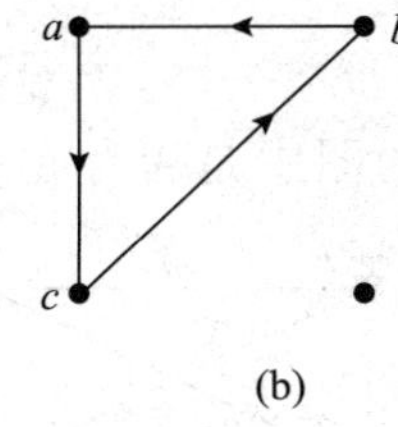

(b)

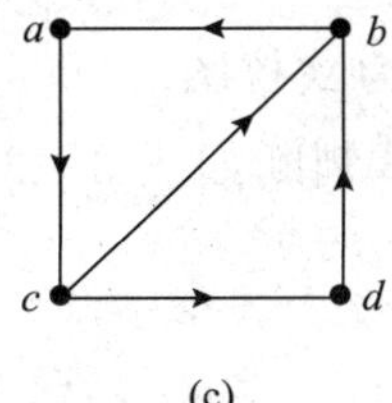

(c)

图 3-38

7. 试求第 1 题中:

(1) 每个结点的度数;

(2) 画出其补图的图形;

(3) 求出图 G 的邻接矩阵;

(4) 判断图 G 是强连通图、单侧连通图还是弱连通图.

8. 设无向图 G 如图 3-39 所示,求它们的点割集.

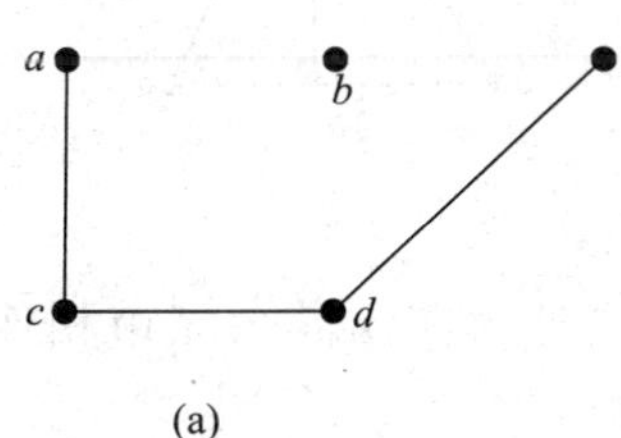

(a)

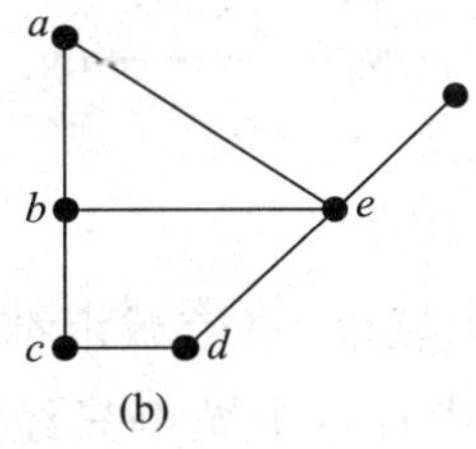

(b)

图 3-39

9. 设无向图 G 如图 3-40 所示,求它的边割集.

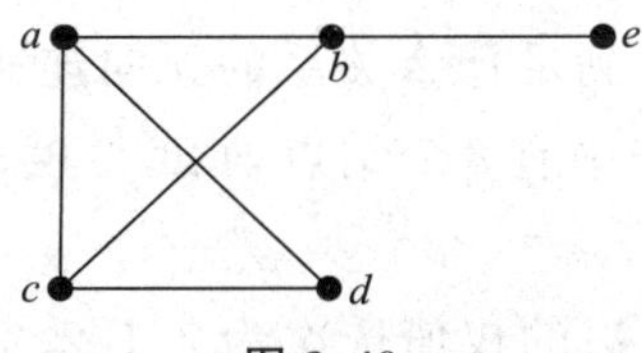

图 3-40

10. 试求图 3-41 中 c 点到其余各结点的最短路.

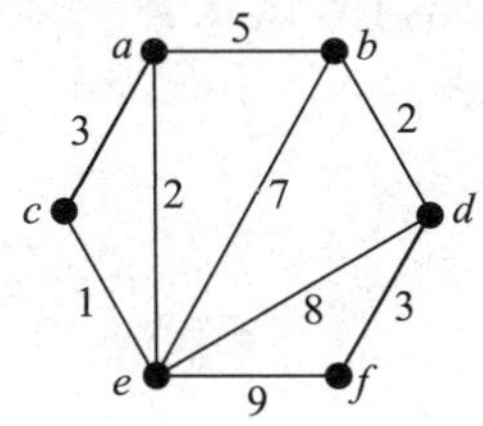

图 3-41

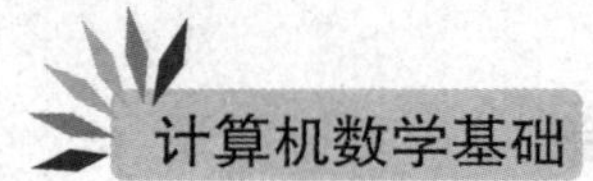

11. 证明:有割边的无向连通图不是欧拉图,有割点的无向连通图不是哈密顿图.

12. 设连通图 G 有 k 个奇数度的结点,证明在图 G 中至少要添加 $\frac{k}{2}$ 条边才能使其成为欧拉图.

13. 试判断如图 3-42 所示的图中是否存在一条欧拉回路.

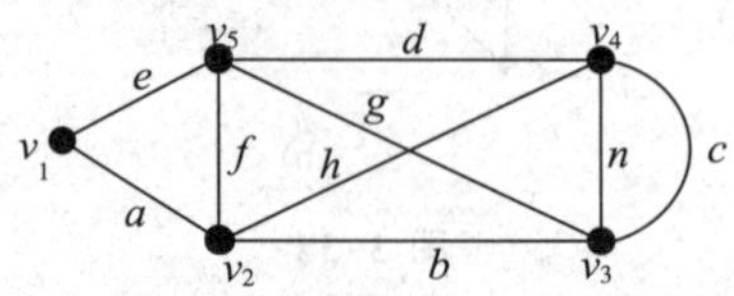

图 3-42

14. 如图 3-43 所示,试判断它们是否为欧拉图、哈密顿图?并说明理由;若是哈密顿图,请写出一条哈密顿回路.

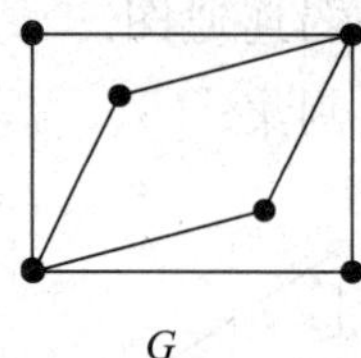

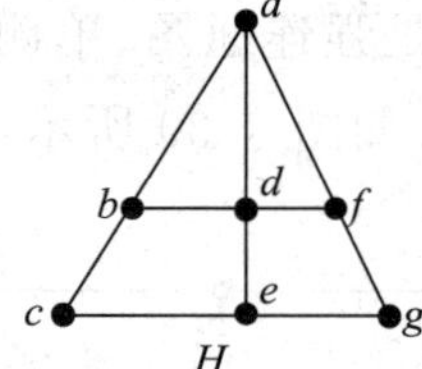

图 3-43

15. 有 7 个城市,每个城市都有 3 条高速公路与其余城市相连,问能否开车走完这 7 个城市且每个城市只经过一次?

16. 设G是有n个结点、m条边的连通图,必须删去G的多少条边,才能确定G的一棵生成树?

17. 结点数 v 与边数 e 满足什么关系的无向连通图就是树?

18. 已知一棵无向树 T 中有 8 个结点,4 度、3 度、2 度的分支点各一个,试求 T 的树叶数.

19. 第 1 题中的图对应边的权值依次为 2、1、2、3、6、1、4 及 5,试求出 G 权最小的生成树及其权值.

20. 设一组权为 2,3,6,9,13,15,试求:

(1) 画出相应的最优二叉树;

(2) 计算它们的权值.

第 4 章　基础运筹学

运筹学是一门基础性的应用学科，该学科广泛应用现代科学技术领域，主要研究系统最优化的问题，通过对建立的模型求解，利用统计学、数学模型和算法等方法，为管理人员作决策提供科学依据，寻找复杂问题中的最佳或近似最佳的解答. 运筹学经常用于解决现实生活中的复杂问题，特别是改善或优化现有系统的效率.

4.1　运筹学的研究对象

运筹学的主要研究对象是各种有组织系统的管理问题、经营活动. 根据问题的要求，通过数学上的分析、运算，得出各种各样的结果，最后提出综合性的合理安排，以达到最好的效果. 它有广阔的应用领域，已经涉及诸如服务、经济、库存、搜索、人口、对抗、控制、时间表、资源分配、厂址定位、能源、设计、生产、可靠性等各个方面.

4.2　运筹学的特点

(1) 以研究事物内在规律，探究把事情办得更好的一门事理科学.

(2) 在有限的资源条件下，研究人 - 机系统各种资源利用最优化的一种科学方法.

(3) 通过建立所研究系统的数学模型，进行定量分析的一种分析方法.

(4) 运筹学是多学科交叉的解决系统总体优化的系统方法，是解决复杂系统活动与组织管理中出现的实际问题的一种应用理论与方法；

(5) 它是评价比较决策方案优势的一种数量化决策方法.

总之，科学性、综合性、系统性和实践性是运筹学的四大特点.

4.3 运筹学研究的主要步骤

4.3.1 系统分析和问题描述

运筹学分析的第一步是分析问题和提出问题，它是从对现有系统的详细分析开始的，通过分析找到影响系统的最主要的问题. 另外，通过分析，还要明确系统或组织的主要目标，找出系统的主要变量和参数，弄清它们的变化范围、相互关系以及对目标的影响. 问题提出后，还要分析解决该问题的可能性和可行性. 一般需要进行以下分析：

(1) 技术可行性：有没有现成的运筹学方法可以用来解决存在的问题.

(2) 经济可行性：研究的成本是多少，需要投入什么样的资源，预期效果如何.

(3) 操作可行性：研究的人员和组织是否落实，各方面的配合如何，研究能否顺利进行.

通过以上分析，可对研究的困难程度、可能发生的成本、可能获得的成功和收益做到心中有数，使研究的目的更加明确.

4.3.2 模型的建立和修改

模型的建立是运筹学分析的关键步骤. 运筹学模型一般是数学模型或模拟模型，并以数学模型为主. 模型是对现实世界的一种抽象和映射. 由于实际问题的复杂性，模型不可能完全准确地反映现实世界或实际问题，人们在构造模型时，往往要根据一些理论的假设或设立一些前提条件来对模型进行必要的抽象和简化. 人们对问题的理解不同，根据的理论不同，设立的前提条件不同，构造的模型也会不同. 因此，模型构造是一门基于经验的艺术，既要有理论作指导，又要靠不断的实践来积累建模的经验. 模型建立不是一个一次性的过程，由于实际问题与人们对它的认识之间存在的差异，模型往往要经过多次修改才能在允许的限度内符合实际情况.

一个典型的模型包括以下组成部分：

(1) 一组需要通过求解模型确定的决策变量.

(2) 一个反映决策目标的目标函数.

(3) 一组反映系统复杂逻辑和约束关系的约束方程.

(4) 模型要使用的各种参数.

简单的模型可以用一般的数学公式表示，复杂的模型由于必须借助于计算机求解，还必须表达为相应的计算机程序.

4.3.3 模型的求解和检验

模型建成之后，它所依赖的理论和假设条件合理性，以及模型结构的正确性都要通过试验进行检验. 通过对模型的试验求解，人们可以发现模型的结构和逻辑错误，并通过一个反馈环节退回到模型建立和修改阶段，有时甚至还需要退回到系统分析阶段. 模型结构和逻辑上的问题解决之后，通过收集数据、数据处埋、模型生成、模型求解等过程得到模型的最优解. 值得强调的是，由十模型和实际之间存在的差异，模型的最优解并不一定是真实问题的最优解. 只有模型相当准确地反映实际问题时，该解才是趋近于实际最优解的近似.

4.3.4 结果分析与实施

运筹学分析的最后一步是获取分析结果并将之付诸实施. 运筹学研究的最终目的是要提高被研究系统的效率，因此，这一步也是最重要的一步. 绝不能把运筹学分析的结果理解为仅仅是一个或一组最优解，它也包括了获得这些解的方法和步骤，以及支持这些结果的管理理论和方法. 通过分析，要使管理人员与运筹学分析人员对问题取得共识，并使管理人员了解分析的全过程，掌握分析的方法和理论，并能独立完成日常的分析工作，这样才能保证研究分析成果的真正实施.

4.4 运筹学的主要分支

运筹学的具体内容包括：规划论(包括线性规划、非线性规划、整数规划和动态规划)、图论、决策论、排队论、对策论、存储论、可靠性理论等.

4.4.1 线性规划论

线性规划论是运筹学的一个重要分支，它包括线性规划、非线性规划、整体规划、目标规划、动态规划等. 它是在满足给定约束要求下，按一个或多个目标来寻找最优方案的数学方法它的适用领域十分广泛，在工业、农业、商业、交通运输业、军事、经济规划和管理决策中都可以发挥作用.

1. 线性规划问题的提出

例 4-1

（生产计划问题）某工厂在计划期内要安排生产 A、B 两种产品，已知生产单位产品所需的设备台时、Ⅰ、Ⅱ 两种原材料的消耗以及每件产品可获的利润如表 4-1 所示. 问应如何安排计划使该工厂获利最多？

表 4-1

	产品 A	产品 B	资源限制
设备	1	1	400 台时
原材料 Ⅰ	2	1	300 kg
原材料 Ⅱ	1	0	200 kg
单位产品利润(元)	100	80	—

该问题就是在有限资源的条件下，求使利润最大的生产计划方案.

解

将一个实际问题转化为线性规划模型有以下几个步骤：

(1) 定义决策变量.

设 x_1,x_2 分别表示在计划期内生产产品 A、B 的产量.

(2) 定义目标函数.

工厂的目标是总利润最大化,所以有 Max $z=100x_1+80x_2$.

(3) 定义约束条件.

由于资源的限制,所以有:

解

将一个实际问题转化为线性规划模型有以下几个步骤:

(1) 定义决策变量

设 x_1,x_2 分别表示在计划期内生产产品 A、B 的产量;

(2) 定义目标函数

的目标是总利润最大化,所以有 Max $z=100x_1+80x_2$

(3) 定义约束条件

由于资源的限制,所以有:

$$\left.\begin{array}{l}\text{机器设备的限制条件:}x_1+x_2\le 400\\ \text{原材料 }A\text{ 的限制条件:}2x_1+x_2\le 300\\ \text{原材料 }B\text{ 的限制条件:}x_1\le 200\end{array}\right\}\text{资源约束条件}$$

(4) 变量取值限制.

产品 A、B 的产量不能是负数,所以有:$x_1\geqslant 0,x_2\geqslant 0$(为变量的非负约束)显然,在满足上述约束条件下的变量取值,均能构成可行方案,且有许许多多.而工厂的目标是在不超过所有资源限量的条件下,如何确定产量 x_1,x_2,以得到最大的利润,即使得目标函数 $z=100x_1+80x_2$ 的值达到最大.

用 Max 表示最大值,s. t. (subject to 的简写) 表示约束条件,得到该问题的数学模型为

$$\text{Max } z=100x_1+80x_2$$

$$\text{s. t.}\begin{cases}x_1+x_2\leqslant 400\\ 2x_1+x_2\leqslant 300\\ x_1\leqslant 200\\ x_1\geqslant 0,x_2\geqslant 0\end{cases}$$

我们再来看下面的例子.

例 4-2

（营养搭配问题）假定某个10岁的小孩人每天需要从食物中获取2000卡路里(cal)的热量，40克(g)蛋白质和800毫克(mg)钙．现有三种食品可供选择，它们每千克所含热量和营养成份以及市场价格下表4-2所示．问如何选择才能在满足营养的前提下使购买食品的费用最小？

表 4-2

食品名称	热量	蛋白质含量	钙含量	价格
猪肉	1000 cal	50 g	400 mg	15 元
大米	900 cal	20 g	300 mg	3 元
鸡蛋	800 cal	60 g	200 mg	6 元

解

(1) 定义决策变量：设 $x_j(j=1,2,3)$ 为第 j 种食品每天的购买量．

(2) 定义目标函数：总的费用最小，即求

$$\text{Min } z = 15x_1 + 3x_2 + 6x_3$$

(3) 所满足的约束条件：

对热量摄取量的要求：$1000x_1 + 900x_2 + 800x_3 \geqslant 2000$，

对蛋白质摄取量的要求：$50x_1 + 20x_2 + 60x_3 \geqslant 40$，

对钙摄取量的要求：$400x_1 + 300x_2 + 200x_3 \geqslant 800$

(4) 变量的基本要求：$x_j \geqslant 0, (j=1,2,3)$

则问题的模型为

$$\text{Min } z = 15x_1 + 3x_2 + 6x_3$$

$$\text{s. t.} \begin{cases} 1000x_1 + 900x_2 + 800x_3 \geqslant 2000 \\ 50x_1 + 20x_2 + 60x_3 \geqslant 40 \\ 400x_1 + 300x_2 + 200x_3 \geqslant 800 \\ x_j \geqslant 0, (j=1,2,3) \end{cases}$$

2. 线性规划问题的数学模型

上述例4-1和例4-2所提出的问题，都是求使线性目标函数值最大或最小的问题．它们具有共同的特征：

(1) 决策变量：决策变量是影响所要达到目的的因素．每个问题都可用一组

决策变量表示某一方案，其具体的值就代表一个具体方案，是问题中要确定的未知量.

(2) 约束条件：即决策变量可能受到的限制条件，约束条件可以用决策变量的线性等式或不等式表示.

(3) 目标函数：指问题要达到的目的要求，表示为决策变量的函数.

满足以上三个条件的数学模型称为**线性规划的数学模型**，简单地说，线性规划问题就是求一个线性目标函数在一组线性约束条件下的极值问题. 线性规划的一般形式为：

目标函数：$\text{Max}(\text{Min})z = c_1x_1 + c_2x_2 + \cdots + c_nx_n$

$$\text{满足约束条件：}\begin{cases} a_{11}x_1 + a_{12}x_2 + \cdots + a_{1n}x_n < (=, >) b_1 \\ a_{21}x_1 + a_{22}x_2 + \cdots + a_{2n}x_n < (=, >) b_2 \\ \vdots \\ a_{m1}x_1 + a_{m2}x_2 + \cdots + a_{mn}x_n < (=, >) b_m \\ x_j \geqslant 0, (j = 1, 2, \cdots, n) \end{cases}$$

其中：n 为变量的个数，m 为约束的个数，$n + m$ 为线性规划问题的规模，c_i 表示变量的价值系数，b_j 为右端项(资源约束项)，a_{ij} 为技术系数.

这里可简写为

$$\text{Max}(\text{Min})z = \sum_{j=1}^{n} c_jx_j$$

$$\text{s. t.}\begin{cases} \sum_{j=1}^{n} a_{ij}x_j < (=, >) b_i (i = 1, 2, \cdots, m) \\ x_j \geqslant 0 (i = 1, 2, \cdots, m) \end{cases}$$

或矩阵形式：

$$\text{Max}(\text{Min})z = CX$$

$$\text{s. t.}\begin{cases} AX < (=, >) b \\ X \geqslant 0 \end{cases}$$

其中：$A = \begin{bmatrix} a_{11} & a_{12} & \cdots & a_{1n} \\ a_{21} & a_{22} & \cdots & a_{2n} \\ \vdots & \vdots & \ddots & \vdots \\ a_{m1} & a_{m2} & \cdots & a_{mn} \end{bmatrix}$为技术系数矩阵，$C = (c_1, c_2, \cdots, c_n)$为价值系数向量，$X = (x_1, x_2, \cdots, x_n)^{\mathrm{T}}$ 为决策变量向量，$B = (b_1, b_2, \cdots, b_m)^{\mathrm{T}}$ 为资源限制向量.

3. 线性规划问题的标准形式

为了便于讨论线性规划问题的概念和线性规划问题的解法，规定线性规划问题的两种标准形式如下：

$$\text{Max } z=\sum_{j=1}^{n}c_jx_j$$

$$\text{s. t.}\begin{cases}a_{11}x_1+a_{12}x_2+\cdots+a_{1n}x_n<(=,>)b_1\\a_{21}x_1+a_{22}x_2+\cdots+a_{2n}x_n<(=,>)b_2\\\quad\vdots\\a_{m1}x_1+a_{m2}x_2+\cdots+a_{mn}x_n<(=,>)b_m\\x_j\geqslant 0(j=1,2,\cdots,n)\end{cases}$$

或

$$\text{Max } z=\sum_{j=1}^{n}c_jx_j$$

$$\text{s. t.}\begin{cases}\sum_{j=1}^{n}a_{ij}x_j<(=,>)b_i(i=1,2,\cdots,m)\\x_j\geqslant 0\quad(i=1,2,\cdots,m)\end{cases}$$

标准型的特点如下：

(1) 目标函数求极大值.

(2) 约束条件全为等式.

(3) 决策变量均为非负值.

(4) $b_i\geqslant 0(i=1,2,\cdots,m)$.

例 4-3

将下列线性规划模型化为标准型：

$$\text{Min } z=-x_1+4x_2-3x_3$$

$$\text{s. t.}\begin{cases}x_1+x_2+x_3\leqslant 8\\x_1-x_2+x_3\geqslant 4\\-3x_1+x_2+x_3=6\\x_1,x_2\geqslant 0\end{cases}$$

解

先将问题由求最小化转化为求最大化，即 Max $z=-(\text{Min } z)$，就可以将原问题转换为求最大值的问题.

令，$x_3=x_4-x_5$，且有 $x_4\geqslant 0$，$x_5\geqslant 0$；并设 x_6 为松弛变量，x_7 为剩余变量，那么原问题就转化为

$$\text{Max } z=x_1-4x_2+3(x_4-x_5)+0x_6+0x_7$$

$$\text{s.t.}\begin{cases}x_1+x_2+(x_4-x_5)\leqslant 8\\x_1-x_2+(x_4-x_5)\geqslant 4\\-3x_1+x_2+(x_4-x_5)=6\\x_1,x_2,x_4,x_5,x_6,x_7\geqslant 0\end{cases}$$

4.5 单纯形法

单纯形发是求解一般线性规划问题的基本方法，学习单纯形法之前先来了解线性规划问题中基的概念.

基：设 $\boldsymbol{A}$ 是约束房产组的 $m\times n$ 维系数矩阵，其秩为 $r(\boldsymbol{A})=m<n$，如果 $\boldsymbol{B}$ 是 $\boldsymbol{A}$ 中的一个 $m\times m$ 阶非奇异子矩阵(即 $\boldsymbol{B}$ 为可逆矩阵，$|\boldsymbol{B}\neq 0|$，则称 $\boldsymbol{B}$ 是线性规划问题的一个基). 也就是说，矩阵 $\boldsymbol{B}$ 是由 m 个线性独立的列向量组成的. 为不失一般性，可设：

$$\boldsymbol{A}=\begin{bmatrix}a_{11} & \cdots & a_{1m}\\ \vdots & \ddots & \vdots\\ a_{m1} & \cdots & a_{mm}\end{bmatrix}=(\boldsymbol{P}_1,\boldsymbol{P}_2,\cdots,\boldsymbol{P}_m)$$

称 $\boldsymbol{P}_j\,(j=1,2,\cdots,m)$ 为基向量. 与其向量 $\boldsymbol{P}_j$ 相对应的变量 x_j 称为基变量，其他变量称为非基变量、那么，对应于每个基总有 m 个基变量，$n-m$ 个非基变量.

4.5.1 单纯形法的基本思路

从可行域的某一个顶点开始，判断此顶点是否为最优解；若不是，则再找另一个使得其目标函数值最优的顶点，再判断此点是否是最优解，直到找到

一个顶点为其最优解，或者能判断出此线性规划问题无最优解为止，即迭代.

4.5.2 单纯形法的计算步骤

(1) 求出线性规划的初始基可行解.

为了确定初始基可行解，首先要找出初始可行基. 可以证明，以单位矩阵作为初始可行基，就可以保证得到的初始基解是初始基可行解.

对任意一个线性规划模型，经过整理，重新对决策变量及其对应的系数进行编号，则可得下列方程组：

$$\begin{cases} x_1 + a_{1,m+1}x_{m+1} + \cdots + a_{1,n}x_n = b_1 \\ x_2 + a_{2,m+1}x_{m+1} + \cdots + a_{2n}x_n = b_2 \\ \qquad \vdots \\ x_m + a_{m,m+1}x_{m+1} + \cdots + a_{mn}x_n = b_m \\ x_j \geqslant 0 (j = 1,2,\cdots,n) \end{cases} \tag{4-1}$$

可以得到一个单位矩阵：

$$\boldsymbol{B} = (\boldsymbol{P}_1, \boldsymbol{P}_2, \cdots, \boldsymbol{P}_m) = \begin{bmatrix} 1 & 0 & \cdots & 0 \\ 0 & 1 & \cdots & 0 \\ \vdots & \vdots & \ddots & \vdots \\ 0 & 0 & \cdots & 1 \end{bmatrix}$$

以 $\boldsymbol{B}$ 作为可行基，将式(4-1) 的每个等式移项得

$$\begin{cases} x_1 = b_1 - a_{1,m+1}x_{m+1} - \cdots - a_{1n}x_n \\ x_2 = b_2 - a_{2,m+1}x_{m+1} - \cdots - a_{2n}x_n \\ \qquad \vdots \\ x_m = b_m - a_{m,m+1}x_{m+1} - \cdots - a_{mn}x_n \\ x_j \geqslant 0 (j = 1,2,\cdots,n) \end{cases} \tag{4-2}$$

令非基变量 $x_{m+1} = x_{m+2} = \cdots = x_n = 0$，由式(4-2) 可得：$x_i = b_i$；

又因 $b_i \geqslant 0$(在标准形式中已经规定)，所以得到一个初始基可行解：

$$\begin{aligned} \boldsymbol{X}_{\mathrm{B}} &= (x_1, x_2, \cdots, x_m, \underbrace{0, \cdots, 0}_{n-m})^{\mathrm{T}} \\ &= (b_1, b_2, \cdots, b_m, \underbrace{0, \cdots, 0}_{n-m})^{\mathrm{T}} \end{aligned}$$

(2) 最优性检验.

计算非基变量(未填上数值的格,即空格)的检验数(也称为空格的检验数),若全部大于等于零,则该方案就是最优方案,计算就此结束,否则就要进行调整.

(3) 确定入基变量.

由式子 $Z = z_0 + \sum_{j=m+1}^{n} \sigma_j x_j$ 可以看出:当某些检验数 $\sigma_j > 0$ 时,增加 σ_j 所对应的 x_j 就可使目标值增大,这时要将非基变量 x_j 换到基变量中去,这就是入基变量.

如果有两个以上的检验数 $\sigma_j > 0$,为了使目标函数值增加得更快,一般取其中最大的 σ_j 作为基变量,因此,确定入基变量的方法是:

$$\sigma_k = \mathrm{Max}(\sigma_j > 0)$$

(4) 确定出基变量.

用已经确定的入基变量 x_k 在各个约束方程中的正的系数 $a_{ik} > 0$ 除其所在的约束方程中的常数项 b_i,把其中比值最小所在的约束方程中的原基变量确定为出基变量,在后面的迭代矩阵变换中就可以确保新得到的常数项都大于等于零,即出基变量的确定方法是 θ 规则:

$$\theta = \mathrm{Min}\left(\frac{b_i}{a_{ik}} \mid a_{ik} > 0\right)$$

以单纯形法求解线性规划最优解.

例 4-4

求解下列线性规划问题的最优解.

$$\mathrm{Max}\ z = 12x_1 + 8x_2 + 5x_3$$

$$\text{s. t.} \begin{cases} 3x_1 + 2x_2 + x_3 \leqslant 20 \\ x_1 + x_2 + x_3 \leqslant 11 \\ 12x_1 + 4x_2 + x_3 \leqslant 48 \\ x_1, x_2, x_3 \geqslant 0 \end{cases}$$

解

(1) 确定初始基可行解,找到一个可行基 $\boldsymbol{B}$

$$\boldsymbol{B}=\begin{bmatrix}1&0&0\\0&1&0\\0&0&1\end{bmatrix}$$

$\boldsymbol{B}$ 所对应的基变量为 x_4,x_5,x_6,令非基变量 $x_1=x_2=x_3=0$,得到 $x_4=20,x_5=11,x_6=48$

所以,该线性规划问题初始基的可行解为

$$\boldsymbol{X}=(0,0,0,20,11,48)^{\mathrm{T}}$$

(2) 最优性检验.

非基变量 x_1,x_2,x_3 的检验分别是:

$$\sigma_1=12>0,\sigma_2=8>0,\sigma_3=5>0$$

因此,以上初始基可行解不是最优解.

(3) 基变换.

确定入基变量:

$$\mathrm{Max}\ (\sigma_1,\sigma_2,\sigma_3)=\mathrm{Max}\ (12,8,5)=12$$

因此选 x_1 为入基变量,确定出基变量:

$$\mathrm{Min}\left(\frac{20}{3},\frac{11}{1},\frac{48}{12}\right)=4$$

对应第三个约束方程,因此选择第三个约束方程中的原基变量 x_6 为出基变量.进行基变换后,新的基变量是 x_1,x_4,x_5,非基变量是 x_2,x_3,x_6.

令非基变量 $x_2=x_3=x_6=0$,可得到

$$\begin{cases}3x_1+x_4=20\\x_1+x_5=11\\12x_1=48\end{cases}$$

求解得到:$x_1=4,x_4=8,x_5=7$

基可行解为:$\boldsymbol{X}_1=(4,0,0,8,7,0)^{\mathrm{T}}$,将基变量 x_1,x_4,x_5 分别用非基变量 x_2,x_3,x_6 表示,则目标函数为

$$z=48+4x_2+x_3-x_6$$

在非基变量的检验数中，$\sigma_2 = 4 > 0$，$\sigma_3 = 4 > 0$，也不是最优解.因此，再用 x_2 作为入基变量：

$$\text{Min}\left(\frac{20}{2},\frac{11}{1},\frac{48}{4}\right)=10$$

对应第一个约束方程，因此选择第一约束方程中的原基变量 x_4 为出基变量，再次进行基变换后，新的基变量为 x_1，x_2，x_5，非基变量为 x_3，x_4，x_6，令非基变量 $x_3 = x_4 = x_6 = 0$，得到

$$\begin{cases}3x_1+2x_2=20\\x_1+x_2+x_5=11\\12x_1+4x_2=48\end{cases}$$

求解后得到：$x_1=\frac{4}{3}$，$x_2=8$，$x_5=\frac{5}{3}$，该线性规划问题的另一基可行解为

$$\boldsymbol{X}_2=\left(\frac{4}{3},8,0,0,\frac{5}{3},0\right)^{\mathrm{T}}$$

将基变量 x_1，x_2，x_5 分别用非基变量 x_3，x_4，x_6 表示，则目标函数为

$$z=80+x_3-4x_4$$

在非基变量的检验数中，$\sigma_3 = 1 > 0$，因此仍不是最优解，再用 x_3 作为入基变量

$$\text{Min}\left(\frac{20}{1},\frac{11}{1},\frac{48}{1}\right)=11$$

对应第二个约束方程，因此选择第二个约束方程中的原基变量 x_5 为出基变量.这次进行基变换后，新的基变量是 x_1，x_2，x_3，非基变量是 x_4，x_5，x_6，令非基变量 $x_4 = x_5 = x_6 = 0$，得到

$$\begin{cases}3x_1+2x_2+x_3=20\\x_1+x_2+x_3=11\\12x_1+4x_2+x_3=48\end{cases}$$

求解后得到：$x_1 = 2$，$x_2 = 5$，$x_3 = 4$

该线性规划问题的又一基可行解为

$$\boldsymbol{X}_3=(2,5,4,0,0,0)^{\mathrm{T}}$$

将基变量 x_1, x_2, x_3 分别用非基变量 x_4, x_5, x_6 表示，则目标函数为

$$z = 84 - \frac{12}{5}x_4 - \frac{12}{5}x_5 - \frac{1}{5}x_6$$

在非基变量的检验中，$\sigma_4 < 0, \sigma_5 < 0, \sigma_6 < 0$，此时达到最优解：$z = 84$. 因此，原线性规划问题模型的最优解为

$$\boldsymbol{X} = (2,5,4)^{\mathrm{T}}$$

4.6 排队论

4.6.1 排队论的基本概念

排队论(Queuing Theory)，又称随机服务系统理论(Random Service System Theory)，是一门研究拥挤现象(排队、等待)的科学. 具体地说，它是在研究各种排队系统概率规律性的基础上，解决相应排队系统的最优设计和最优控制问题.

排队是我们在日常生活和生产中经常遇到的现象. 例如，上、下班搭乘公共汽车；顾客到商店购买物品；病员到医院看病；旅客到售票处购买车票；学生去食堂就餐等就常常出现排队和等待现象.

除此之外，还有大量的所谓"无形"排队现象，如：若干顾客打电话到出租汽车公司站要求派车，如果出租汽车站无足够车辆，则部分顾客只得在各自的要车处等待，他们分散在不同地方，却形成了一个无形队列在等待派车.

排队的不一定是人，也可以是物：例如，通讯卫星与地面若干待传递的信息；生产线上的原料、半成品等待加工；因故障停止运转的机器等待工人修理；码头的船只等待装卸货物；要降落的飞机因跑道不空而在空中盘旋；等等.

排队论里把要求服务的对象统称为"**顾客**"，而把提供服务的人或机构称为"**服务员**"或"**服务机构**".

例 4-5

排队系统的一般表示.

图 4-1 所示的系统为一排队系统，又称随机服务系统. 任一排队系统都是一个随机服务系统. 这里，“聚”表示顾客的到达，“散”表示顾客的离去.

结构：

顾客到达 → 排队 → 服务机构服务 → 顾客离去

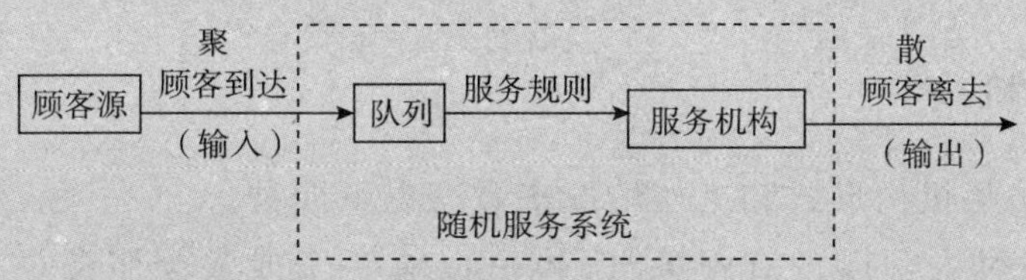

图 4-1

随机性是排队系统的一个普遍特点，是指顾客的到达情况（如相继到达时间间隔）与每个顾客接受服务的时间往往是事先无法确切知道的，或者说是随机的.

一般来说，排队论所研究的排队系统中，顾客到来的时刻和服务台提供服务的时间长短都是随机的，因此这样的服务系统被称为随机服务系统. 排队系统的三个特征是指：**输入过程**、**排队规则**、**服务机构**.

1. 输入过程

输入过程是指要求服务的顾客按怎样的规律到达排队系统的过程，有时也把它称为顾客流. 一般可以从三个方面来描述一个输入过程.

(1) 顾客总体数：又称顾客源、输入源，是指顾客的来源. 通常划分为有限和无限两大类. 如：工厂需要检修的机器是有限的，准备进京观光旅游的游客是无限的.

(2) 顾客到达方式：描述顾客是怎样来到系统的，划分为单个到达和成批到达. 如：病人到医院看病是顾客单个到达的例子；到港国际航班等待安检的旅客是成批的.

(3) 顾客流的概率分布，或称相继顾客到达的时间间隔的分布. 按顾客到达的时间间隔是否固定可以划分为确定型和随机型. 如定期运行的班车、班轮、班机是确定的，到加油站加油的汽车是随机的. 对随机的顾客到达需要知道单位时间到达的顾客数或时间间隔的概率分布.

2. 排队规则

排队规则指到达排队系统的顾客按怎样的规则排队等待.当顾客到达时,若所有服务台都被占用且又允许排队,则该顾客将进入队列等待.例如,排队等待售票,故障设备等待维修等.服务台对顾客进行服务所遵循的规则通常有:先到先服务(FCFS,First Come First Served)、先到后服务(LCFS,Last Come First Served)、带优先服务权(PR,Priority Service)、随机服务(SIRO,Service In Random Order)等.

3. 服务机构

服务机构从机构形式和工作情况来看有以下四种:

(1) 服务机构可以没有服务员,也可以有一个或多个服务员(服务台、窗口).如超市的货架可以没有服务员,但交款时可能有多个服务员.

(2) 多个服务台的情况中,可以是平行排列的"并联",也可以是前后排列的"串联",也可以是混合的.

(3) 服务方式可以对单个顾客进行,也可成批进行.我们只讨论单个服务情况.

(4) 服务时间可分为确定型和随机型.如旅客列车对乘客的服务是按列车时刻表进行位移服务的,是确定型;因患者病情不同,医生诊断的时间不是确定的,是随机型.

4.6.2 排队系统的符号表示及排队系统的主要数量指标

肯道尔(D. G. Kendall) 分类:$X/Y/Z/A/B/C$

(1)X:顾客到达的分布;

(2)Y:服务时间的分布;

(3)Z:服务台数;

(4)A:系统容量;

(5)B:顾客源的个体数;

(6)C:服务规则.

表示分布的符号:

(1)M:负指数分布或泊松分布;

(2)D:定长分布;

(3)E_k:k 阶爱尔朗分布;

(4)GI：一般独立随机分布；

(5)G：一般随机分布.

用于评价排队系统的优劣的主要数量指标如下：

(1) 队长(L) 和排队长(L_q)：队长指系统内的顾客数，包括正在接受服务的顾客与排队等待服务的顾客数(排队长)，即

$$\text{系统中的顾客数} = \text{排队等候服务的顾客数} + \text{正在接受服务的顾客数}.$$

(2) 逗留时间(W) 和等待时间(W_q)：逗留时间指顾客在排队服务系统中从进入到服务完毕离去的平均逗留时间；等待时间指顾客排队等待服务的平均等待时间. 这对顾客来讲是最关心的，每个顾客希望逗留时间或等待时间越短越好.

(3) 服务机构工作强度：指服务机构累计的工作时间占全部时间的比例，是衡量服务机构利用效率的指标，即

$$\begin{aligned}\begin{matrix}\text{服务机构}\\\text{工作强度}\end{matrix} &= \frac{\text{用于服务顾客的时间}}{\text{服务设施总的服务时间}}\\ &= 1 - \frac{\text{服务设施总的空闲时间}}{\text{服务设施总的服务时间}}\end{aligned}$$

4.6.3　生死过程和泊松流(Poisson 流)

1. 生死过程

生死过程是一类特殊的随机过程，在生物学、物理学、运筹学中有广泛的应用. 生死过程排队系统是一类非常重要的、广泛存在的排队系统.

设$\{N(t), t \geqslant 0\}$为一个随机过程.

若 $N(t)$的概率分布具有以下性质：

(1) 假设 $N(t) = n$，则从时刻 t 起到下一个顾客到达时刻止的时间服从参数为λ_n 的负指数分布，$n = 0,1,2,\cdots$.

(2) 假设 $N(t) = n$，则从时刻 t 起到下一个顾客离去时刻止的时间服从参数为μ_n 的负指数分布，$n = 0,1,2,\cdots$.

(3) 同一时刻只有一个顾客到达或离去. 则称设$\{N(t), t \geqslant 0\}$为一个**生死过程**，即：

顾客到达 ——“生”；顾客离开 ——“死”；

顾客到达 → 服务机构 → 顾客离去

λ_n　　　　　　　　μ_n

2. 泊松流

泊松流是排队论中经常用来描述顾客到达的特殊随机过程. 实际上它是一个纯生过程,与概率论中的泊松分布和负指数分布有密切的联系.

负指数分布:是"无记忆性",这个性质为排队论问题的求解带来了方便. 如果输入分布或服务分布为负指数分布,则不论实际排队过程进行了多长时间,要研究从现在起以后的情况,只要考虑当前排队所处的状况就可以了,在此以前的情况可以不考虑,就好像过程刚开始一样.

泊松流必须满足下列三个条件:

(1) 平稳性.

平稳性是指在一定时间间隔内,来到服务系统有 n 个顾客的概率仅与这段时间间隔的长短有关,而与这段时间的起始时刻无关.

(2) 独立性.

任意两个不相交区间内的顾客到达情况相互独立.

(3) 普通性.

在 $[t,t+\Delta t]$ 内多于一个顾客到达的概率为 $o(\Delta t)$.

$$\sum_{j=2}^{\infty} P\{N(t,t+\Delta t)=j\}=o(\Delta t)$$

即对于充分小的 Δt,在 $[t,t+\Delta t]$ 内出现 2 个或 2 个以上质点的概率与出现一个质点的概率相比可以忽略不计,则称 $\{N(t),t\geqslant 0\}$ 为泊松过程(强度为 λ).

定理 4.1 设 $N(t)$ 为时间 $[0,t]$ 内到达系统的顾客数,则 $\{N(t),t\geqslant 0\}$ 为泊松过程的充分必要条件是

$$P\{N(t)=n\}=\frac{(\lambda t)^n}{n!}\mathrm{e}^{-\lambda t}$$

定理 4.1 说明,如果顾客的到达泊松流的话,则到达顾客数的分布恰为泊松分布.

例 4-6

顾客按泊松流到达餐厅,平均每小时 20 人,在上午 11:07 餐厅内有 18 人. 试求:到 11:12 餐厅内有 20 名顾客的概率.

解

依题意知 $\lambda=20$(人/小时)

由 $P\{N(t)=n\}=\frac{(\lambda t)^n}{n!}\mathrm{e}^{-\lambda t}$ 可知，在 $\left(\frac{1}{12}\right)$h 内到达顾客 2 人的概率为

$$P\left\{N\left(\frac{1}{12}\right)=2\right\}=\frac{\left(20\times\frac{1}{12}\right)^2}{2!}\mathrm{e}^{-\left(20\times\frac{1}{12}\right)}=0.2623$$

4.6.4 单服务台模型

$M/M/1/\infty$ 是指顾客的相继到达时间服从参数为 λ 的负指数分布，服务台数为 1，服务时间服从参数为 μ 的负指数分布，系统空间无限，允许无限排队.

队长的分布，由 $\lambda_n=\lambda, n=0,1,2,\cdots;\mu_n=\mu, n=0,1,2,\cdots$

记作：
$$\rho=\frac{\lambda}{\mu}$$

并设 $\rho<1$(否则队列将排至无限远)，则 $C_n=\left(\frac{\lambda}{\mu}\right)^n, n=0,1,2,\cdots$

因此
$$P_n=\rho^n P_0, n=0,1,2,\cdots$$

而
$$P_0=\frac{1}{1+\sum_{n=1}^{\infty}C_n}=\left(\sum_{n=0}^{\infty}\rho^n\right)^{-1}=\left(\frac{1}{1-\rho}\right)^{-1}=1-\rho \tag{4-3}$$

$$P_n=(1-\rho)\rho^n, n=0,1,2,\cdots \quad\quad \text{(式 4)}$$

式(4-4) 即为在平衡条件下系统中顾客数为 n 的概率. 从式(4-3) 可以看出，ρ 是系统中至少有一个顾客的概率，也就是服务台处于忙的状态的概率，因而也称 ρ 为服务强度，它反映了系统繁忙的程度.

单服务台模型的几个主要数量指标：对单服务台等待排队系统，由已得到的平稳状态下队长的分布，可以得到平均队长 L 为

$$L=\sum_{n=0}^{\infty}nP_n=\sum_{n=1}^{\infty}n(1-\rho)\rho^n=\frac{\rho}{1-\rho}=\frac{\lambda}{\mu-\lambda}$$

平均排队长 L_q 为

$$L_q=\sum_{n=1}^{\infty}(n-1)P_n=L-(1-P_0)=L-\rho=\frac{\rho^2}{1-\rho}=\frac{\lambda^2}{\mu(\mu-\lambda)}$$

平均逗留时间 W(即利特尔公式) 为

$$W=\frac{L}{\lambda}=\frac{1}{\mu-\lambda}$$

平均等待时间 W_q 为

$$W_q = \frac{L_q}{\lambda} = \frac{\lambda}{\mu(\mu - \lambda)}$$

关于顾客在系统中的逗留时间 T，说明它服从 $\mu - \lambda$ 的负指数分布，即

$$P\{T > t\} = e^{-(\mu-\lambda)t}, t \geqslant 0$$

例 4-9

某修理店只有一个修理工，来修理的顾客到达过程为泊松流，平均 4 人/h；修理时间服从负指数分布，平均需要 6 min.

试求：

(1) 修理店空闲的概率；

(2) 店内恰有 3 个顾客的概率；

(3) 店内至少有 1 个顾客的概率；

(4) 在店内的平均顾客数；

(5) 每位顾客在店内的平均逗留时间；

(6) 等待服务的平均顾客数；

(7) 每位顾客平均等待服务的时间；

(8) 顾客在店内等待时间超过 10 min 的概率.

解

本例可看成一个 $M/M/1/\infty$ 排队问题，其中

$$\lambda = 4; \mu = \frac{1}{0.1} = 10; \rho = \frac{\lambda}{\mu} = \frac{2}{5}$$

(1)$p_0 = 1 - \rho = 1 - \frac{2}{5} = 0.6$

(2)$p_3 = \rho^3(1 - \rho) = \left(\frac{2}{5}\right)^3\left(1 - \frac{2}{5}\right) = 0.038(3)P\{N \geqslant 1\} = 1 - p_0 = \rho = \frac{2}{5} = 0.4$

(4)$L = \frac{\rho}{1-\rho} = \frac{\frac{2}{5}}{1 - \frac{2}{5}} = 0.67$

(5)$W = \frac{L}{\lambda} = \frac{0.67}{4}(\text{h}) = 10\ \text{min}$

(6) $L_q = L - \rho = \frac{\rho^2}{1-\rho} = \frac{\left(\frac{2}{5}\right)^2}{1-\frac{2}{5}} = 0.267$

(7) $W_q = \frac{L_q}{\lambda} = \frac{0.267}{4}(\text{h}) = 4\ \text{min}$

(8) 由于逗留时间服从参数 $\mu-\lambda$ 的负指数分布,即分布函数为

$$P\{T > t\} = \mathrm{e}^{-(\mu-\lambda)t} \quad t \geqslant 0$$

则

$$P\{T > 10\} = \mathrm{e}^{-10\left(\frac{1}{4}-\frac{1}{15}\right)} = e^{-1} = 0.3679$$

4.6.5 多服务台模型

$M/M/s/\infty$ 是指:设顾客单个到达,相继到达时间服从参数为 λ 的负指数分布,服务台数为 s,每个服务台的服务时间相互独立,且服从参数为 μ 的负指数分布,系统空间无限,允许无限排队. 当考虑系统处于平稳状态后队长 N 的概率分布有

$$\lambda_n = \lambda$$

$$\mu_n = \begin{cases} n\mu & (n = 1,2,\cdots,s) \\ s\mu & (s = s, s+1, s+2,\cdots) \end{cases}$$

记

$$\rho_s = \frac{\lambda}{s\mu} = \frac{\rho}{c} \text{ 且 } \rho_s < 1$$

$$C_n = \begin{cases} \left(\frac{\lambda}{\mu}\right)^n \frac{1}{n!} & n = 1,2,\cdots \\ \frac{\lambda^n}{(s\mu)^{n-s}(s!\mu^s)} = \left(\frac{\lambda}{\mu}\right)^n \frac{1}{s!s^{n-s}} & n \geqslant s \end{cases}$$

因此

$$p_n = \begin{cases} \frac{\rho^n}{n!} p_0 & n = 1,2,\cdots,s \\ \frac{\rho^n}{s!s^{n-s}} p_0 & n \geqslant s \end{cases}$$

其中

$$p_0 = \left[\sum_{n=0}^{s-1} \frac{\rho^n}{n!} + \frac{\rho^s}{s!(1-\rho_s)}\right]^{-1}$$

几个主要数量指标如下:

由平稳状态下队长 N 的概率分布,可得到平均排队长 L_q 为

$$L_q = \sum_{n=s+1}^{\infty}(n-s)P_n = \frac{P_0\rho^s\rho_s}{s!(1-\rho_s)^2}$$

由于 $c(s,\rho)=\frac{\rho^s}{s!(1-\rho_s)}p_0$，因此 L_q 又可表示为：$L_q = \frac{c(s,\rho)\rho_s}{1-\rho_s}$

可得到平均排队长 L_q 为

$$L = \text{平均排队长} + \text{正在接受服务的顾客的平均数}$$

所以记系统中正在接受服务的顾客的平均数为 $\bar{s}$，显然 $\bar{s}$ 也是正在忙的服务台的平均数，故

$$\bar{s} = \sum_{n=1}^{s-1} nP_n + s\sum_{n=s}^{\infty} P_n = \rho$$

$$L = L_q + \rho = \frac{c(s,\rho)\rho_s}{1-\rho_s} + \rho$$

对于多服务台系统，利特尔公式依然成立，即有

$$W = \frac{L}{\lambda}$$

$$W_q = \frac{L_q}{\lambda} = W - \frac{1}{\mu}$$

4.7 决策论

4.7.1 决策的基本概念

决策就是为了实现预定的目标在若干可供选择的方案中，选出一个最佳行动方案的过程.美国著名管理学家、诺贝尔经济学奖获得者西蒙说:“管理就是决策.”

4.7.2 决策模型的构成要素

决策模型的构成要素包括决策者(个人或集体，一般指领导者或领导集体)、决策目标、行动方案(大于等于 2 个)、自然状态、效应值和选择最佳方案的准则.

4.7.3 决策分析流程图

典型的决策分析流程图如图 4-2 所示.

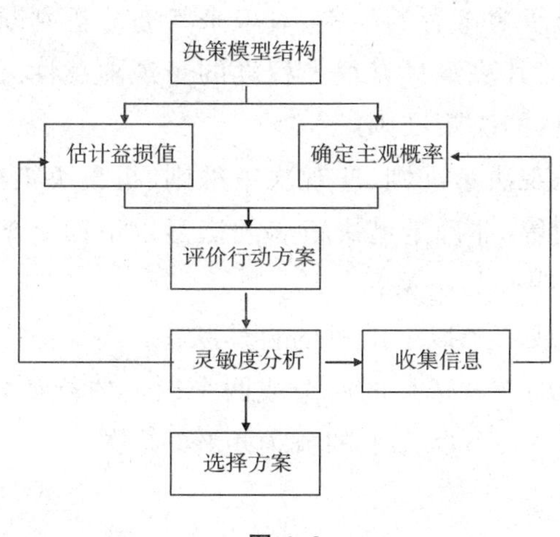

图 4-2

4.7.4 决策的分类

(1) 按内容分:定性决策、定量决策、混合决策.

(2) 按性质的重要性分:战略决策策略、决策、执行决策.

(3) 按决策过程的连续性分:单项决策、序贯决策.

(4) 按自然状态分:确定型决策、非确定型决策、风险型决策.

1. 确定型决策

每个方案只有1种自然状态,在决策环境完全确定的条件下进行.

确定型决策必须满足以下四个条件:

(1) 存在着一个明确的决策目标.

(2) 存在着一个确定的自然状态.

(3) 存在着可供决策者选择的两个或两个以上的行动方案.

(4) 可求得各方案在确定的状态下的益损矩阵(函数).

确定型决策常用的方法如下:

(1) 一般计量法:在适当的数量标准的情况下用来表示方案效果的计量方法.

(2) 经济分析法:(不属于本课程研究内容).

(3) 运筹学方法:用数学模型(包括模拟模型)进行决策的一类方法,如线性规划、网络分析、存储论等.

2. 非确定型决策

每个方案至少遇到两种自然状态,决策者对各自然状态发生的概率一无所知.因此,它完全取决于决策者的经验、对未来状态分析判断的能力以及审时度势的胆略和精确程度.其决策具有很大程度的主观随意性.但是,根据经验的积累总结,也有一些公认的决策准则.

决策准则包括乐观决策准则、悲观决策准则、折衷决策准则、后悔值决策准则和等概率决策准则等.非确定型决策必须满足以下四个条件:

(1) 存在着一个明确的决策目标.

(2) 存在着两个或两个以上随机的自然状态.

(3) 存在着可供决策者选择的两个或两个以上的行动方案.

(4) 可求得各方案在各状态下的益损矩阵(函数).

1) 乐观决策准则

比较各方案的最大收益值(或最小损失值),选取收益值最大(或损失值最小)的方案为最优方案.也称为最大最大决策准则(MAX-max).实际上是把最大收益的自然状态假定为必然出现的自然状态,把不确定型问题转化为确定型问题来处理.

特点:反映了决策者的进取、冒险精神;对未来充满信心,态度乐观;只考虑了最大收益,不管损失多大,不影响方案选择.

适用条件:回报高、前景看好、实力雄厚、绝处逢生等.

例 4-8

有某个项目,决策者面临 3 个方案可供选择:

方案一有 20% 的概率为项目带来 50 万的收益,50% 的概率带来 100 万的效益,30% 的概率带来 20 万的效益.

方案二有 10% 的概率带来 200 万的收益,90% 的概率带来 20 万的效益.

方案三有 50% 的概率带来 90 万的效益,50% 的概率带来 95 万的效益.

那么:

对于方案一,通过乐观决策法,其所带来的效益就是最大的 100 万.

对于方案二,同理,效益是最大的 200 万.

对于方案三,效益是最大的 95 万.

因此,从乐观决策的角度看来,应该选择方案二.

2）悲观决策准则

比较各方案的最小收益值（或最大损失值），选取收益值最大（或损失值最小）的方案为最优方案，也称为最大最小决策准则（MAX-min）．实际上是把最小收益的自然状态假定为必然出现的自然状态，把不确定型问题转化为确定型问题来处理，保守、但有余地，稳妥可靠，在“最不利”中找“最有利”．

特点：决策者稳妥的性格与保守的品质；对未来信心不足，态度悲观；只用了最坏情况的数据．

悲观准则决策方法在一定场合下具有一定的适用性，如企业规模较小、资金薄弱，经不起大的经济冲击，或者决策者认为最坏状态发生的可能性很大，对好的状态缺乏信心等等，另外，在某些行动中，人们已经遭受了重大的损失，如人员伤亡、天灾人祸需要恢复元气，一般也往往采用这一较为稳妥的准则进行决策．

例 4-9

某公司拟对是否研究开发一种新产品进行决策．根据新产品价格可能发生的波动情况把自然状态划分为四类：

P_1：低于现价；P_2：与现价相同；P_3：高于现价；P_4：价格大涨．

该公司可能采取的行动方案有三种：

A_1：以抓新产品研究开发为主，并维持现有产品的生产．

A_2：一方面抓新产品的研究开发，另一方面扩大现有产品产量和提高质量，保证占有市场一定份额．

A_3：不搞新产品研究开发，全力扩大现有产品产量和提高产品质量，扩大市场占有份额．

不同方案在不同价格状态下所产生的收益或损失也称为益损值（万元），如表 4-3 所示，那么采取哪种方案后收益最大？

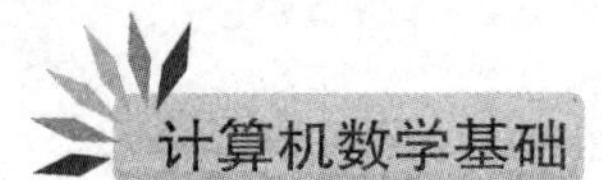

表 4-3

可选方案	自然状态分类			
	P_1	P_2	P_3	P_4
A_1	−36	98	131	160
A_2	−23	64	162	210
A_3	−15	33	73	110

解

先选出各种自然状态下每个方案的最小收益值：

A_1 中最小收益值为：$\text{Min}\{-36,98,131,160\}=-36$(万)

A_2 中最小收益值为：$\text{Min}\{-23,64,162,210\}=-23$(万)

A_3 中最小收益值为：$\text{Min}\{-15,33,73,110\}=-15$(万)

选出最小值中的最大值：

$\text{Max}\{-36,-23,-15\}=-15$(万)，最大值 −15 所对应的方案为 A_3，即为最优方案.

根据悲观准侧进行决策，该公司应全力扩大和提高现有产品产量和质量，不搞新产品研究开发.

3）后悔值准则

基本思路：当决策者选定决策方案后，如果发现所选方案并非最优方案时，必然会因为"舍优取劣"而感到后悔，这种后悔实际上是一种机会损失. 所选方案的收益与最优方案的收益相差越大，后悔感就越大.

3. 风险型决策

风险型决策又称"随机型决策"，每个方案至少遇到 2 种自然状态，在决策环境不确定的条件下进行，决策者对各自然状态发生的概率可以预先估计或计算出来.

例 4-10

如现代汽车工业，在面对"能源危机"的环境下，想要发展不用石油的汽车，那就需要投入较大的研究试验费用，根据判断如能有很广的销路，那么就可以在投入市场几年之后收回投资并获得较大利润，这是成功的估计.

如果因这种汽车造价高，使用不便，没有市场需求，那就要失败. 对这两种可能性如何判断，怎样做出选择，就属于风险型的决策，也就是要冒一定风险，存在着两个前途、两种结果，决策不当就会带来巨大损失. 当然这种决策也不完全是盲目的，要做各种预测，进行反复的技术经济论证，成功的概率就会高一些.

4.8　存储论

4.8.1　存储论主要解决的存储策略问题

(1) 当我们补充存储物资时，补充数量是多少？

(2) 应该间隔多长时间来补充我们的存储物资？

模型中需求率、生产率等一些数据皆为确定的数值时，称之为确定性存储摸型；模型中含有随机变量的称之为随机性存储模型.

4.8.2　存储系统

存储过程通常包括三个环节：订购进货、存储和供给需求.

可视仓库为存储系统的中心. 对存储系统而言，外部需求一般是不可控的因素，但可以预测；总体上需求可分为确定型的和随机型的. 订货时间和订货量一般是可控的因素. 问题是：什么时间订货（期的问题），一次订多少（量的问题）. 存储系统示意图如图 4-3 所示.

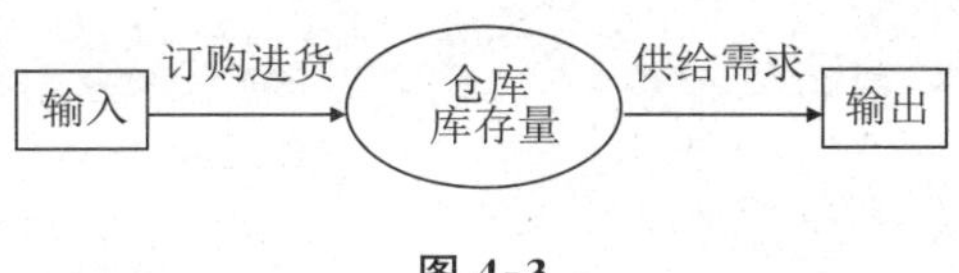

图 4-3

4.8.3 存储问题的基本要素

(1) 需求率:指单位时间(年、月、日)内对某种物品的需求量,用 D 表示.它是存储系统的输出.

(2) 订货批量:指一次订货中包含的某种物资的数量,用 Q 表示.

(3) 订货间隔期:指两次订货之间的时间间隔,用 t 表示.

(4) 订货提前期:从提出订货到收到货物的时间间隔,用 L 表示.

4.8.4 存储的基本费用

(1) 存储费:指物资存放在仓库经过一定时期后所发生的全部费用,包括保管费、仓库占用费、通风照明费、冷气暖气费、流动资金利息、存储损耗费等,与时间和数量成正比.

(2) 订货费:是指为取得物资所发生的费用,包括手续费、电话费、交通费、采购人员的劳务费、质检、入库等,与订购数量无关的一次性费用.

(3) 物资费用:指物资本身的费用,如单价、运费等.

(4) 缺货损失费用:指由于存储不足,不能及时满足顾客或生产的需要而引起的费用.如缺货引起的停工损失、延期交货而付出的罚金、信誉损失、失去销售机会的损失等.

4.8.5 存储策略

(1) 确定订货的间隔时间和订购量的方法.

(2) 定期补充法:以固定的时间间隔订货,每次订货要把存货量恢复到某种水平,简单但容易造成缺货或积压.

(3) 定点补充法:当存货量下降到某点就订货,每次的订货量可以是固定的,但是需要对订货点进行监视.

4.8.6　存储模型

1. 经济订货批量存储模型

经济订货批量存储模型指不允许缺货，生产时间很短的存储模型，是最基本的确定性存储模型.

主要参数：需求率 D；订货批量 Q；设每次订货费为 c_3，单位物资单位时间的存储费为 c_1；各种参数（D、Q、c_3、c_1）均为常数.

各参量之间的关系：

订货批量 Q 小，则存储费用 c_1 少，但订货次数频繁，增加订货费 c_3.

订货批量 Q 大，则存储费用 c_1 大，但订货次数减少，减少订货费 c_3.

$$\text{年存储费} = \text{单位物资单位时间的存贮费} \times \text{平均存贮量}$$

$$c_1 \cdot \frac{1}{2}Q$$

$$\text{年订货费} = \text{订货单价} \times \text{订货次数}$$

$$c_3 \cdot \frac{D}{Q}$$

总费用：
$$TC = \text{年存储费} + \text{年订货费}$$

$$\frac{1}{2}Qc_1 + \frac{D}{Q}c_3$$

则
$$TC^* = \sqrt{2Dc_1c_3}$$

最优存储量为

$$Q^* = \sqrt{\frac{2Dc_3}{c_1}}$$

例 4-11

设一种专用书架，年需求：$D = 4900$ 个/年 $= d$；存储费：$c_1 = 1000$ 元/个/年；年生产能力：$p = 9800$ 个/年；生产准备费：$c_3 = 500$ 元 / 次.

求成本最低的生产组织.

解

利用上述公式，可求得：

最优生产量 $Q^* = 99$(个).

年存储费 = 年生产准备 = 24875(元)；周期 $T = 5$(天)；总费用 $TC = 49750$(元).

再看下面的例子.

例 4-12

某工厂生产载波机需电容元件，正常生产每日需 600 个，每个存储费 $c_1 = 0.01$ 元/周，订购费每次为 $c_3 = 50$ 元，问：

(1) 经济订货量为多少？

(2) 一年订购几次？（一年按 52 周计）

(3) 一年的存储费和订购费各是多少？

解

以周为时间单位，每周按 5 天计，则 $D = 5 \times 600 = 3000$ 个/周

由公式得

(1) $Q^* = \sqrt{\dfrac{2Dc_3}{c_1}} = \sqrt{\dfrac{2 \times 3000 \times 50}{0.01}} = 5477$（个）

(2) $n = \dfrac{D}{Q^*} = \dfrac{3000 \times 52}{5477} = 28.48$（次）

(3) 订货费用：$n \cdot c_3 = 28.48 \times 50 = 1424$（元）

总费用：$\sqrt{2Dc_1c_3} = \sqrt{2 \times 3000 \times 50 \times 0.01} \times 52 = 2848$（元）；

存储费用：$\dfrac{1}{2} \times 5477 \times 0.01 \times 52 = 1424$（元）.

2. 经济生产批量存储模型

经济生产批量存储模型又称为不允许缺货生产需要一定时间的存储模型，是另一种确定性的存储模型. 其特点是：需求率是常量或近似于常量.

当存储降为零时开始生产，随生产随存储，存储量以 $p-d$ 的速度增加，生产 t 时间后存储量达到最大 $(p-d)t$，就停止生产，以存储来满足需求. 直到存储降到零时，开始新一轮的生产，不允许缺货.

主要参数：需求率 D（每年需求量）；需求率 d（每天需求量）；生产率 p（每天生产量）为常数；生产批量 Q；每次生产准备成本 c_3；单位存储费 c_1；各种参数 $(D、Q、p、d、c_3、c_1)$ 均为常数.

各参量之间的关系为：

(1) 最大存贮量：

$$V = (p-d)t_1 = (p-d)\frac{Q}{p}$$

(2) 平均存贮量：

$$\frac{V}{2}=\frac{1}{2}\left(1-\frac{d}{p}\right)Q$$

(3) 存贮费用：

$$\frac{1}{2}\left(1-\frac{d}{p}\right)Q\cdot c_1$$

(4) 生产准备费用：

$$\frac{D}{Q}c_3$$

若要求 TC 的最小值，则需对 Q 求导并令其为零，那么得到

$$Q^*=\sqrt{\frac{2Dc_3}{c_1\left(1-\dfrac{d}{p}\right)}}$$

所以

$$TC^*=\sqrt{2Dc_1c_3\left(1-\frac{d}{p}\right)}$$

4.9　对策论

4.9.1　对策论的基本概念

对策论(Game Theory)亦称博弈论，是研究具有竞争、对抗、利益分配等方面的数量化方法，并提供寻求最优策略的途径.

(1) 对策行为：具有竞争或对抗性质的行为.

(2) 对策模型：具有对策行为的模型.

例 4-13

战国时，齐王和他的大将田忌赛马.双方约定，从各自的上、中、下三个等级的马中各选出一匹，比赛时，双方选出的每匹马都轮流参加，输者付给胜者一千金.现在齐王的同等马都比田忌的强，问：

(1) 田忌有无取胜的可能？如果有，应采用什么方案？

(2) 如果双方同等聪明，那么，为了达到最好的效果，双方应该怎么做？

例 4-13 中的两个问题都涉及竞争性，因此都属于对策问题.

4.9.2 对策的三个基本要素

1. 局中人

在一个对策行为中，有权决定自己行动方案的对策参加者，称为局中人.通常用 I 表示局中人的集合.如果 n 个局中人，则 $I=\{1,2,\cdots,n\}$.

对策中关于局中人的概念是具有广义性的.局中人除了可理解为个人外，还可以理解为一集体，如球队、交战国、企业等，以及研究自然界中某个现象时，可把这个现象看成一个局中人.

在对策中总是假定每一个局中人都是"理智的"决策者或竞争者.即对任一局中人来讲，不存在利用其他局中人决策的失误来扩大自身利益的可能性.

2. 策略

一局对策中，可供局中人选择的一个实际可行的完整的行动方案，称为一个对策.

设 i 为局中人，i 的所有策略构成的集合 S_i 称为 i 的策略集.如：在"齐王赛马"中，如果用(上、中、下)表示以上马、中马、下马依次参赛这样一个次序，这就是一个完整的行动方案，即为一个策略.

3. 赢得函数

局势：在一局对策中，各局中人所选定的策略形成的策略组称为一个局势.即若设 s_i 是第 i 个局中人的一个策略，则 n 个局中人的策略组 $s=\{s_1,s_2,\cdots,s_n\}$ 就是一个局势.

全体局势的集合 S 可用各局中人策略集的笛卡儿乘积表示为

$$S = S_1 \times S_2 \times \cdots \times S_n$$

赢得函数：当局势出现后，对策的结果也就确定了．也就是说，对任一局势 $s \in S$，局中人 i 可以得到一个赢得 $H_i(s)$．

显然，$H_i(s)$ 是局势 s 的函数，称之为第 i 局中人的赢得函数．

如：在“齐王赛马”中，局中人集合 $I = \{1,2\}$，齐王和田忌的策略集可分别用 $S_1 = \{\alpha_1, \alpha_2, \alpha_3, \alpha_4, \alpha_5, \alpha_6\}$ 和 $S_2 = \{\beta_1, \beta_2, \beta_3, \beta_4, \beta_5, \beta_6\}$ 表示．这样，齐王的一个策略 α_i 和田忌的一个策略 β_j 就决定了一个局势 s_{ij}．如果 $\alpha_1 =$（上，中，下），$\beta_1 =$（上，中，下），则在局势 s_{11} 下齐王的赢得值 $H_1(s_{11}) = 3$，田忌的赢得值 $H_2(s_{11}) = -3$．

再如：$\alpha_2 =$（上，下，中），$\beta_1 =$（上，中，下），则在局势 s_{21} 下齐王的赢得值 $H_1(s_{21}) = 1$，田忌的赢得值 $H_2(s_{21}) = -1$．如此类推，结果如表 4-4 所示．

表 4-4

齐王的赢得值 S_2 / S_1	β_1（上，中，下）	β_2（上，下，中）	β_3（中，上，下）	β_4（中，下，上）	β_5（下，上，中）	β_6（下，中，上）
α_1（上，中，下）	3	1	1	1	−1	1
α_2（上，下，中）	1	3	1	1	1	−1
α_3（中，上，下）	1	−1	3	1	1	1
α_4（中，下，上）	−1	1	1	3	1	1
α_5（下，上，中）	1	1	1	−1	3	1
α_6（下，中，上）	1	1	−1	1	1	3

即齐王的赢得矩阵表示如下：

$$\mathbf{A} = \begin{bmatrix} 3 & 1 & 1 & 1 & -1 & 1 \\ 1 & 3 & 1 & 1 & 1 & -1 \\ 1 & -1 & 3 & 1 & 1 & 1 \\ -1 & 1 & 1 & 3 & 1 & 1 \\ 1 & 1 & 1 & -1 & 3 & 1 \\ 1 & 1 & -1 & 1 & 1 & 3 \end{bmatrix}$$

当局中人、策略、赢得函数三个因素确定后，一个对策模型也就给定了．

4.9.3　矩阵对策的基本定理

(1) 矩阵对策：就是二人有限零和对策，是指有两个参加对策的局中人，每

个局中人都只有有限个策略可供选择，在任一局势下，两个局中人的赢得之和总等于零.

(2) 矩阵对策模型：设 I,II 分别表示两个局中人，且它们的纯策略集分别为 $S_1=\{\alpha_1,\alpha_2,\cdots,\alpha_m\}$ 和 $S_2=\{\beta_1,\beta_2,\cdots,\beta_n\}$. 记局中人 I 对任一纯局势 (α_i,β_j) 的赢得值为 a_{ij}，并称 A

$$\boldsymbol{A}=\begin{bmatrix} a_{11} & a_{12} & \cdots & a_{1n} \\ a_{21} & a_{22} & \cdots & a_{2n} \\ \vdots & \vdots & \ddots & \vdots \\ a_{m1} & a_{m2} & \cdots & a_{mn} \end{bmatrix}$$

为局中人 I 的赢得矩阵. 由于假定对策为零和，所以局中人 II 的赢得矩阵为 $-A$. 当局中人 I,II 和策略集 S_1、S_2 及局中人 I 的赢得矩阵 $\boldsymbol{A}$ 确定后，一个矩阵对策就确定了.

通常，将矩阵对策记作 $\boldsymbol{G}=\{I,II;S_1,S_2;A\}$ 或 $\boldsymbol{G}=\{S_1,S_2;A\}$.

4.9.4 局中人如何选取对自己最有利的纯策略

(1) 局中人的“理智行为”：双方都不想冒险，都不存在侥幸心理，而是考虑到对方必然会设法使自己的所得最小，从各自可能出现的最不利的情形中选择一种最为有利的情形作为决策的依据.

(2) 选择原则：局中人 I 按最大最小原则，局中人 II 按最小最大原则. 即局中人 I 从所有最小的赢得中选择最大的赢得的策略，局中人 II 从所有最大的损失中选择最小的损失的策略.

例 4-14

设有一矩阵 $\boldsymbol{G}=\{S_1,S_2;A\}$，其中 $S_1=\{\alpha_1,\alpha_2,\alpha_3,\alpha_4\}$ 和 $S_2=\{\beta_1,\beta_2,\beta_3\}$，局中人 I 的赢得矩阵为：

$$\boldsymbol{A}=\begin{bmatrix} -6 & 1 & -8 \\ 3 & 2 & 4 \\ 9 & -2 & -10 \\ -3 & 0 & 6 \end{bmatrix}$$

求出局中人 I、II 的最优策略. 解

根据选择的原则，分析局中人的选择策略，局中人 I 的策略：纯策略 $\alpha_1,\alpha_2,\alpha_3,\alpha_4$ 可能带来的最小赢得分别为 $-8,2,-10,-3$. 所以，最小赢得中最大的值为 2. 因此局中人 I 的策略应为 α_2.

局中人 II 的策略：纯策略 β_1,β_2,β_3 可能带来的最大损失分别为 9,2,6. 所以，最大损失中最小的值为 2. 因此局中人 II 的策略应为 β_2.

总之，局中人 I、II 的最优纯策略分别为 α_2,β_2.

社会的发展日新月异，无论何时，都需要研究最好的解决问题的方法，运筹学会有更多的运用，运筹帷幄，决胜千里，希望同学们通过本章的学习都有所收获，把运筹学的知识应用到实践中，使生活和学习中遇到的各种问题能得到更好的解决，学以致用.

习题 4

1. 线性规划的约束条件为：

$$\begin{cases} x_1+x_2+x_3=3 \\ 2x_1+x_2+x_4=4 \\ x_1,x_2,x_3,x_4\geqslant 0 \end{cases}$$

则其基本可行解为(　　)

A. (0,0,4,3)　　　　B. (3,4,0,0)

C. (2,0,1,0)　　　　D. (3,0,4,0)

2. $m+n-1$ 个变量构成一组基变量的充要条件是(　　)

A. $m+n-1$ 个变量恰好构成一个闭回路

B. $m+n-1$ 个变量不包含任何闭回路

C. $m+n-1$ 个变量中部分变量构成一个闭回路

D. $m+n-1$ 个变量对应的系数列向量线性相关

3. 线性规划最优解不唯一是指(　　)

A. 可行解集合无界

B. 存在某个检验数 $\lambda k > 0$

C. 可行解集合是空集

D. 最优表中存在非基变量的检验数非零

4. 将下列数学模型化为标准型.

$$\text{Max } z = 2x_1 + 3x_2$$

$$\begin{cases} x_1 + 2x_2 \leqslant 8 \\ 4x_1 \leqslant 16 \\ 4x_2 \leqslant 12 \\ x_1, x_2 \geqslant 0 \end{cases}$$

5. 某化工厂生产某项化学产品，每单位标准重量为 1000 克，由 A、B、C 三种化学物混合而成. 产品组成成分是每单位产品中 A 不超过 300 克，B 不少于 150 克，C 不少于 200 克. A、B、C 每克成本分别为 5 元、6 元、7 元. 问如何配置此化学产品，才能使成本最低？

6. 某产品重量为 150 千克，用 A、B 两种原料制成. 每单位 A 原料成本为 2 元，每单位 B 原料成本为 8 元. 该产品至少需要含 14 单位 B 原料，最多含 20 单位 A 原料. 每单位 A、B 原料分别重 5 千克、10 千克，为使成本最小，该产品中 A、B 原料应各占多少？

7. 一家玩具公司制造三种玩具，每一种要求不同的制造技术. 高级的一种需要 17 个小时加工装配，8 小时检测，每台利润 30 元；中级的需要 2 小时加工装配，半小时检测，每台利润 5 元；低级的需要半小时加工装配，10 分钟检测，每台利润 1 元. 现公司可供利用的加工装配时间为 500 小时，检测时间 100 小时. 市场预测显示，对高级、中级、低级玩具的需求量分别不超过 10 台、30 台、100 台，试制定一个能够使总利润最大的生产计划.

8. 某公司要把 4 个有关能源工程项目承包给 4 个互不相关的外商投标者，规定每个承包商只能且必须承包一个项目，试在总费用最小的条件下确定各个项目的承包者，总费用为多少？各承包商对工程的报价如表 4-5 所示.

表 4-5

投标者＼项目	A	B	C	D
甲	15	18	21	24
乙	19	23	22	18
丙	26	17	16	19
丁	19	21	23	17

9. 某两人有一只 8 升的酒壶装满了酒，还有两只空壶，分别为 5 升和 3 升．现要将酒平分，求最少的操作次数．

10. 某车间的工具仓库只有一个管理员，平均有 4 人/h 来领工具，到达过程为泊松流；领工具的时间服从负指数分布，平均为 6 min. 试求：

(1) 仓库内没有人领工具的概率；

(2) 仓库内领工具的工人的平均数；

(3) 排队等待领工具的工人的平均数；

(4) 工人在系统中的平均花费时间；

(5) 工人平均排队时间．

11. 某音乐厅设有一个售票处，营业时间为8时到16时，假定顾客流和服务时间均为负指数分布，且顾客到来的平均间隔时间为 2.5 min，窗口为每位顾客服务平均需要 1.5 min，试求：

(1) 顾客不需要等待的概率；

(2) 平均队长 L；

(3) 顾客在系统内平均逗留时间 W；

(4) 平均排队等待人数 L_q；

(5) 平均排队等待时间 W_q；

(6) 系统内顾客人数超过 4 个的概率 $P(L>4)$．

12. 一个病人的症状说明他可能患 a,b,c 三种病中的一种，有两种药 C,D 可用，这两种药对这三种病的治愈率如表 4-6 所示．

表 4-6

药 病	a	b	c
C	0.5	0.4	0.6
D	0.7	0.1	0.8

问医生应开哪一种药最稳妥？

13. 甲、乙两人玩剪刀、石头、布的游戏，若双方所出策略相同，例如都出剪刀，则赢得均为零，试写出甲的赢得矩阵.

14. 加工制作羽绒服的某厂预测下年度的销售量为 15 000 件，准备在全年的 300 个工作日内均衡组织生产. 假如为加工制作一件羽绒服所需的各种原材料的成本为 48 元，制作一件羽绒服所需原料的年存贮费为其成本的 22%，提出一次订货所需费用为 250 元，订货提前期为零，不允许缺货. 试求经济订货批量.

15. 某企业每年需耗用 A 材料 1200 吨，材料单价为每吨 1460 元，每次订货成本为 100 元，单位材料的年储存成本为 6 元，求经济订购批量和经济订购批数.

参考答案

习题 1

1.

序号	前 提	结 论
(1)	癌症的预防研究比治疗研究更为重要	可以预防大多数的癌症
(2)	我们自身还做得不够好;	不要去批评别人
(3)	螨虫给病原体扫清道路; 螨虫给病原体提供交通工具;	螨虫是一种有害的传病媒介
(4)	光以恒定的速度运行	百万光年以外的天体实际上是它们在百万年之前所发出的光线
(5)	他们的头脑对于有逻辑的因果联系接收得很快	理想的观众是数学家、哲学家和科学家

2.(1)、(5) 是命题;(2)、(3)、(4) 不是命题;

3.(1)、(4) 是复合命题;(2)、(3) 是简单命题;

4.(1) 设"你去"为 P,"他去学校"为 Q,则命题为:$\neg P \rightarrow \neg Q$;

(2) 设"他努力"为 P,"他完成任务"为 Q,则命题为:$P \wedge \neg Q$;

(3) 设"我有空"为 P,"天下雨"为 Q,"我进城"为 R,则命题为:$(P \wedge \neg Q) \rightarrow R$;

(4) 设"吃米饭"为 P,"吃馒头"为 Q,则命题为:$P \vee Q$;

(5) 设"奢侈"为 P,"懒惰"为 Q,"贫穷"为 R,所以"节俭"为 $\neg P$,"勤劳"为 $\neg Q$,"富有"为 $\neg R$,则命题为:$((P \vee Q) \rightarrow R) \wedge ((\neg P \vee ?Q) \rightarrow \neg R)$

5.(1)$P \wedge Q \vee \neg R \Leftrightarrow 0 \wedge 0 \vee 0 \Leftrightarrow 0$;

(2)$(P \wedge Q) \vee (R \rightarrow S) \Leftrightarrow (0 \wedge 0) \vee (1 \rightarrow 1) \Leftrightarrow 0 \vee 1 \Leftrightarrow 1$;

(3)$(P \vee R) \rightarrow (Q \vee S) \Leftrightarrow (0 \vee 1) \rightarrow (0 \vee 1) \Leftrightarrow 1 \rightarrow 1 \Leftrightarrow 1$;

(4)$P \rightarrow (Q \vee (R \leftrightarrow S)) \Leftrightarrow 0 \rightarrow (0 \vee (1 \leftrightarrow 1)) \Leftrightarrow 0 \rightarrow 1 \Leftrightarrow 0$;

(5)$(\neg P \wedge R) \rightarrow (Q \vee \neg (R \wedge S)) \Leftrightarrow (\neg 1 \wedge 0) \rightarrow (1 \vee \neg (0 \wedge 0)) \Leftrightarrow 0 \rightarrow 1 \Leftrightarrow 0$;

6.

(1)$P \rightarrow (Q \wedge R)$

P	Q	R	$Q \wedge R$	$P \rightarrow (Q \wedge R)$
0	0	0	0	1
0	0	1	0	1
0	1	0	0	1
0	1	1	1	1
1	0	0	0	0
1	0	1	0	0
1	1	0	0	0
1	1	1	1	1

(2)$(P \wedge \neg Q) \vee R$

P	Q	R	$P \wedge \neg Q$	$(P \wedge \neg Q) \vee R$
0	0	0	0	0
0	0	1	0	1
0	1	0	0	0
0	1	1	0	1
1	0	0	1	1
1	0	1	1	1
1	1	0	0	0
1	1	1	0	1

7.列出真值表

(1) 可满足式;(2) 可满足式; (3) 矛盾式 ;(4) 重言式;

8.$\neg P \vee R$

9. 公式$P \rightarrow ((Q \vee P) \vee R)$的真值为:1

10.分别列出$(P \rightarrow (Q \vee \neg R)) \wedge \neg P \wedge Q$与$\neg (P \vee \neg Q)$的真值表

11.(1) 合取范式$(\neg P \vee R) \wedge (\neg Q \vee R)$；

析取范式$(\neg P \wedge \neg Q) \vee R$；

(2) 合取范式$(\neg P \vee Q \vee R) \wedge R$；

析取范式$(\neg P \wedge \neg Q) \vee R \vee Q$；

12.(1) 主合取范式

$(P \vee Q \vee R) \wedge (P \vee \neg Q \vee R) \wedge (P \vee \neg Q \vee \neg R) \wedge (\neg P \vee Q \vee R) \wedge (\neg P \vee Q \vee \neg R)$；

主析取范式

$(P \wedge Q \wedge R) \vee (P \wedge Q \wedge \neg R) \vee (\neg P \wedge \neg Q \wedge R)$；

(2) 主合取范式

$(P \vee Q \vee \neg R) \wedge (\neg P \vee Q \vee \neg R) \wedge (\neg P \vee \neg Q \vee \neg R)$；

主析取范式

$(P \wedge Q \wedge R) \vee (P \wedge \neg Q \wedge R) \vee (P \wedge \neg Q \wedge \neg R) \vee (\neg P \wedge Q \wedge R) \vee (\neg P \wedge \neg Q \wedge R)$；

习题 2

1. 不能.

2. $A \to E \to F \to B$；$A \to D \to B$；$A \to E \to D \to B$；$A \to C \to E \to F \to B$；$A \to C \to E \to D \to B$

3. 第二参与者.

4. 105 种

5. n 必须是偶数.

6. 48 个

7. 48 个

8. $4!(13!)^4$ 种

9. $52 \times 51 \times 50 \times 49 \times 48$ 或$\binom{52}{5}$

10. $6! \times 5!$

11. $\binom{12}{2} \times \binom{10}{3} + \binom{12}{3} \times \binom{10}{2} + \binom{12}{4} \times \binom{10}{1} + \binom{12}{5}$

12. $\binom{100}{25} \times \binom{75}{35}$

13. $\binom{20}{3} - 2 \times 17 - 17 \times 16 - 18$

14. 20!/5!

15. $3\times\binom{12}{2}$

16. 6!； $6!\times\binom{6}{2}$

17. $2\ (5!)^2$

习题 3

1.

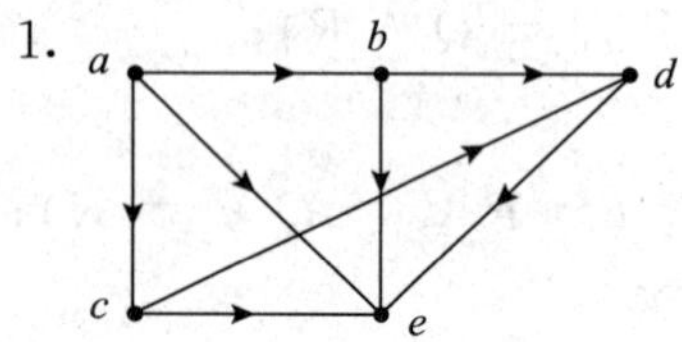

2. 15

3. 6

4. 图 G 的点数是 5，边数是 13.

5. 以 7 个人 a,b,c,d,e,f,g 作为图的顶点，如果两个人说同一种语言，则对应两个顶点之间有边. 如此得到无向图 G，寻找 G 的一条哈密顿回路，这个很简单，从任意一个顶点出发，确定回路. 比如 $badfceg$，按照这个顺序排座，每个人都能和他身边的人交谈.

6. (a) 单侧连通； (b) 弱连通； (c) 单侧连通.

7. (1) 入度：$\deg-(a)=0$，$\deg-(b)=1$，$\deg-(c)=1$，$\deg-(d)=2$，$\deg-(e)=4$；出度：$\deg+(a)=3$，$\deg+(b)=2$，$\deg+(c)=2$，$\deg+(d)=1$，$\deg+(e)=0$；

(2)

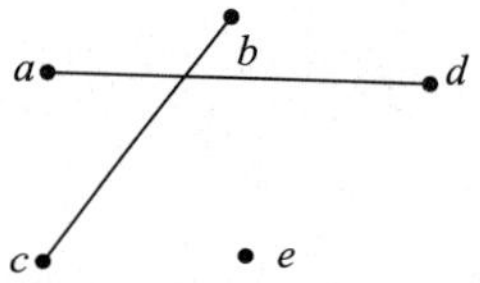

(3) $\begin{bmatrix}0&1&1&0&1\\0&0&0&1&1\\0&0&0&1&1\\0&0&0&0&1\\0&0&0&0&0\end{bmatrix}$ $E=\left\{\begin{array}{l}(a,b),(a,c),(a,e),(b,d),(b,e),(c,e),\\(c,d),(d,e)\end{array}\right\}$

(4) 图 G 是弱连通图.

8. (a) 的点割集为 a,b,d； (b) 的点割集为 e,b,d

9. 边割集 be

10. $ceabdf$

11. 证：(1) 若连通无向图 G 有割边 e，则过 e 一次且仅一次的回路不存在，故 G 不是欧拉图.

(2) 若连通图有割点 v，则 $W(G-\{v\})>1$，这与 G 为哈密顿图的必要条件 $W(G-\{v\})\leqslant|\{v\}|$ 矛盾，故 G 不是哈密顿图.

12. 图 G 是欧拉图的充要条件是图 G 连通且所有的结点的度数都是偶数，因此要使连通图 G 成为欧拉图，即要使所有的结点度数变为偶数.

添加一条边后，可能会出现两种情况：(1) 边的两端连接在同一个结点上(环)，此时该点的度数加 2，奇偶性不变；(2) 边的两端连接在两个不同的结点上，此时此两点的度数各加 1，两个点改变奇偶性.

图 G 有 k 个奇度数的结点，要使该图成为欧拉图，需要改变这 k 个结点的奇偶性，因此最少需要添加 $k/2$ 条边.

13. 不存在.

14. 图 G 所有结点度的均为偶数，所以有欧拉回路，即为欧拉图；图 H 中有每个结点恰好一次的回路，即为哈密顿图，哈密顿回路是 $abdfgec$.

15. 不能，因为结点是奇数.

16. 树的边数 = 点数 − 1 = $n-1$，所以要删掉 $m-(n-1)=m-n+1$ 条边.

17. 结点数 v 与边数 e 满足 $e=v-1$ 关系的无向连通图就是树.

18. 首先需要假定树中结点的最大度数为 4，$n_0=1+n_2+2\times n_3+3\times n_4$，其中的 n_x 代表度为几的结点个数，所以叶子数为 $1+1+2+3=7$.

19. 其最小权和为 $1+1+2+4=8$.

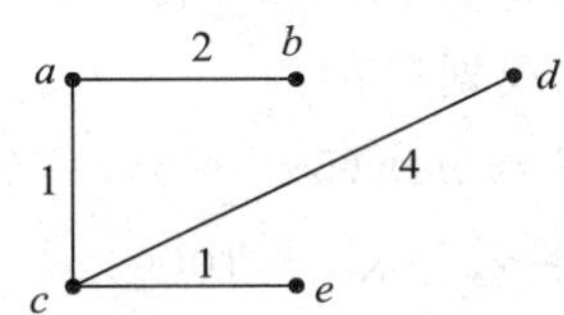

20. (1) 最优二叉树如图 1 所示.

(2) 最优二叉树的权值：

$$
\begin{aligned}
&3\times4+2\times4+6\times3+9\times2+15\times2+13\times2\\
&=12+8+18+18+30+26\\
&=112
\end{aligned}
$$

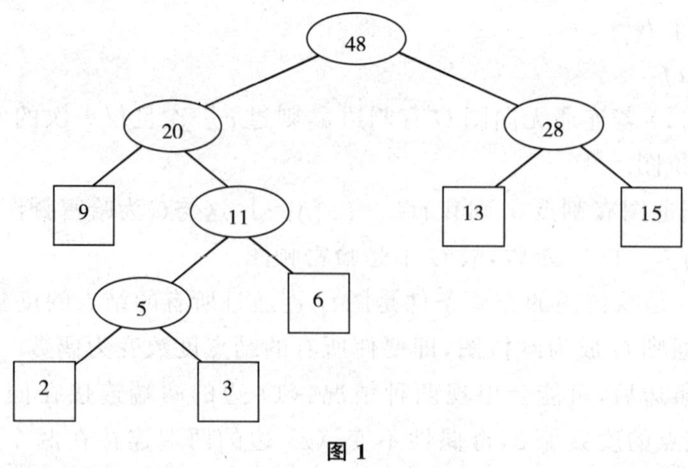

图 1

习题 4

1. C

2. B

3. D

4. 得到标准型:

$$max\,z = 2x_1 + 3x_2 + 0x_3 + 0x_4 + 0x_5$$

$$\begin{cases} x_1 + 2x_2 + x_3 = 8 \\ 4x_1 + x_4 = 16 \\ 4x_2 + x_5 = 12 \\ x_1, x_2, x_3, x_4, x_5 \geqslant 0 \end{cases}$$

5. 设配制此化学产品所需A、B、C三种化学物分别为 x_1, x_2, x_3 克,成本为S元,则由题意可得本题的线性规划模型为

$$min\,S = min(5x_1 + 6x_2 + 7x_3)$$

$$\begin{cases} x_1 + x_2 + x_3 = 1000 \\ x_1 \leqslant 300 \\ x_2 \geqslant 150 \\ x_3 \geqslant 200 \\ x_1, x_2, x_3 \geqslant 0 \end{cases}$$

6. 由题意可设该产品中A、B原料分别 x_1, x_2 千克,总成本为S,则本题的线性规划模型为

$$minS = min(2x_1 + 8x_2)$$

$$\begin{cases} 5x_1 + 10x_2 = 150 \\ x_1 \leqslant 20 \\ x_2 \geqslant 14 \\ x_1, x_2 \geqslant 0 \end{cases}$$

7. 由题意设生产高级、中级、低级玩具各为 x_1, x_2, x_3 台，总利润为 S 元，则由题意可得本题的线性规划模型及条件约束(见表 1).

$$minS = max(30x_1 + 5x_2 + x_3)$$

$$\begin{cases} 17x_1 + 2x_2 + 1/2x_3 \leqslant 500 \\ 8x_1 + 1/2x_2 + 1/6x_3 \leqslant 100 \\ x_1 \leqslant 10 \\ x_2 \leqslant 30 \\ x_3 \leqslant 100 \\ x_1, x_2, x_3 \geqslant 0 \end{cases}$$

表 1

时间＼产品 技术	高级	中级	低级	可供利用的时间
装配	17	8	1/2	500
检测	8	1/2	1/6	100
每台利润(元)	30	5	1	—
最高需求量	10	30	100	—

8. 最优解为

$$\boldsymbol{X} = \begin{bmatrix} 0 & 1 & 0 & 0 \\ 1 & 0 & 0 & 0 \\ 0 & 0 & 1 & 0 \\ 0 & 0 & 0 & 1 \end{bmatrix}$$

总费用为：70

9. 设 x_1, x_2, x_3 分别表示 8,5,3 升酒壶中的酒量，则

$x_1 + x_2 + x_3 = 8, x_1 \leqslant 8, x_2 \leqslant 5, x_3 \leqslant 3$.

容易算出(x_1, x_2, x_3)的组合形式共 24 种.

(0,5,3);(1,5,2);(1,4,3);(2,5,1);(2,4,2);(2,3,3);

(3,5,0);(3,4,1);(3,3,2);(3,2,3);(4,4,0);(4,3,1);

(4,2,2);(4,1,3);(5,3,0);(5,2,1);(5,1,2);(5,0,3);

(6,2,0);(6,1,1);(6,0,2);(7,1,0);(7,0,1);(8,0,0);

于是问题转化为求(8,0,0)到(4,4,0)的一条最短路(求最短路的算法在有向图中仍适用).结果如下:

(8,0,0) → (3,5,0) → (3,2,3) → (6,2,0) → (6,0,2) → (1,5,2)
→ (1,4,3) → (4,4,0).

10. 本题属于 $M/M/1$ 系统

$$\lambda = 4;\quad \mu = \frac{60}{6} = 10;\quad \rho = \frac{\lambda}{\mu} = 0.4$$

(1) 仓库内没有人领工具的概率为

$$p_0 = 1 - \rho = 1 - 0.4 = 0.6$$

(2) 仓库内领工具的工人的平均数为

$$L = \frac{\rho}{1-\rho} = \frac{0.4}{1-0.4} = 0.67(\text{人})$$

(3) 排队等待领工具的工人的平均数

$$L_q = \frac{\rho^2}{1-\rho} = L - \rho = 0.67 - 0.4 = 0.27(\text{人})$$

(4) 工人在系统中的平均花费时间为

$$W = \frac{L}{\lambda} = \frac{0.67}{4} = 10(\text{min})$$

(5) 工人平均排队时间为

$$W_q = \frac{L_q}{\lambda} = \frac{0.27}{4} = 4(\text{min})$$

11. $\lambda = 24$ 人/小时,$\mu = 40$ 人/小时,$p = \lambda/\mu = 0.6$

(1) $p_0 = 1 - \rho = 0.4$

(2) $L = \frac{\rho}{1-\rho} = \frac{\lambda}{\mu-\lambda} = 1.5(\text{人})$

(3) $W = \frac{L}{\lambda} = \frac{1}{\mu-\lambda} = 0.0625(h) = 3.75(min)$

(4) $L_q = \frac{\rho^2}{1-\rho} = \frac{\lambda^2}{\mu(\mu-\lambda)} = 0.9(\text{人})$

(5) $W_q = \frac{L_q}{\lambda} = 0.0375(h) = 2.25(min)$

(6) $p(L < 4) = 1 - \sum_{n=0}^{4} p_0 = 1 - p_0 \frac{1-\rho^5}{1-\rho} = \rho^5 = 0.078$

12. $\begin{bmatrix} 0.5 & 0.4 & 0.6 \\ 0.7 & 0.1 & 0.8 \end{bmatrix}$

开 C 药比较稳妥

13. 甲的策略 $S_1 = \{\alpha_1, \alpha_2, \alpha_3\}$

乙的策略 $S_2 = \{\beta_1, \beta_2, \beta_3\}$

甲的赢得矩阵为

$$\boldsymbol{A} = \begin{bmatrix} 0 & -1 & 1 \\ 1 & 0 & -1 \\ -1 & 1 & 0 \end{bmatrix}$$

14. 解:$D = 15000, c_1 = 48 \times 22\% = 10.56, c_3 = 250$

$$Q^* = \sqrt{\frac{2Dc_3}{c_1}} = \sqrt{\frac{2 \times 250 \times 15000}{10.56}} \approx 843$$

15. $Q^* = \sqrt{\frac{2Dc_3}{c_1}} = \sqrt{\frac{2 \times 100 \times 1200}{6}} = 200$(吨)

$N = \frac{1200}{200} = 6$(次)

参考文献

[1] 陈景润.组合数学[M].哈尔滨:哈尔滨工业大学出版社,2012.

[2] 冯荣权,宋春伟.组合数学[M].北京:北京大学出版社,2015.

[3] 王树禾.图论[M].2版.北京:科学出版社,2015.

[4] R.J.Wilson(R.J.威尔逊).图论导论[M].5版.北京:世界图书出版公司,2015.

[5] 殷剑宏,吴开亚.图论及其算法[M].合肥:中国科学技术大学出版社,2003.

[6] 胡运权.运筹学基础及应用[M].4版.北京:高等教育出版社,2004.

[7](美)塔哈.运筹学导论[M].8版.北京:人民邮电出版社,2008.

[8] 李军.管理运筹学[M].北京:中国轻工业出版社,2016.

[9](美)柯匹等.逻辑学导论[M].13版.北京:中国人民大学出版社,2014.

[10] 熊伟.运筹学[M].北京:机械工业出版社,2014.

[11] 蔡天鸣.运筹学实践教程[M].北京:清华大学出版社,2016.

[12] 张杰,郭丽杰,周硕,等.运筹学模型及其应用[M].北京:清华大学出版社,2016.

[13] 龙子泉.管理运筹学[M].北京:清华大学出版社,2014.

[14] 施泉生.运筹学[M].北京:中国电力出版社 2016.

[15] 宋学锋,魏晓平.运筹学[M].2版.南京:东南大学出版社,2016.